U0034812

Full Love Family

寫給菜鳥父母看的育兒書 2 照書養準沒錯

新手父母這樣教0～3歲寶寶睡

健康寶寶編輯小組 ◎著

原書名：養育會睡寶寶

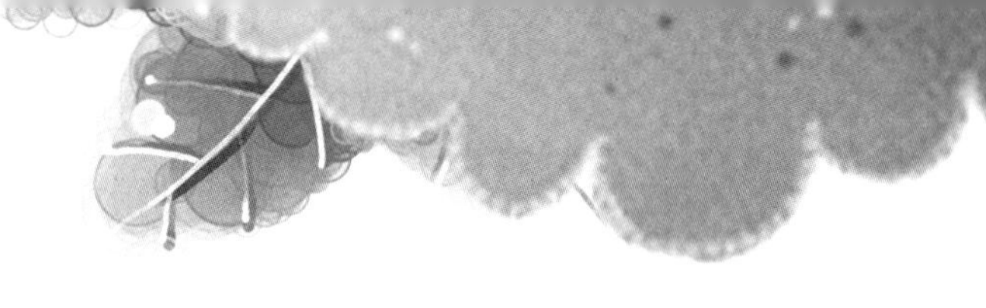

前言

根據最專業的計算，人類將生命中三分之一的時間都花在睡眠上，所以假設你活到九十歲，那麼你將沉睡三十年。對寶寶而言，尤其是新生兒，睡眠幾乎是生活中的頭等大事。只有睡得好才能玩得好，也只有睡得好才能學得好，良好的睡眠是寶寶生理和心理發育的最有利保障。

當然，瞭解寶寶的睡眠並不是一件容易的事，相對80後的新手爸媽們來說，寶寶的降臨給家庭帶來喜悅的同時，也帶來了很多無奈和煩惱。「睡吧！寶貝，你真煩死了！」、「寶寶，再鬧我就把你扔掉！」這些自相矛盾的臺詞你一定瞭解得不能再瞭解了。我們時常會聽到身邊的新手爸媽們抱怨：「我家寶寶每天從早吵到晚，不光他沒有好睡眠，連我的好睡眠都沒有了。」、「我的寶寶老是喜歡睡，有時候想鬧著他起來玩一會兒他也常無精打采。」……除了上面提到的這一類抱怨外，新手爸媽們面臨更嚴峻的問題是他們充分瞭解到了自己身上的責任，也作好充分的心理準備迎接養育寶寶過程中的重重困難，他們

敏銳地意識到問題的存在，但是，他們卻不知道怎麼解決。

一般情況下，他們會諮詢身邊有經驗人士或寶寶的爺爺奶奶、外公外婆，可是有一百個家庭就有著一百個不同的寶寶，許多時候，新手爸媽們都會驚訝地發現，在解決眼前難題的時候，不同的人會給出不同的答案，有著不同的「我當初是怎麼作的」，這種狀況甚至會讓新手爸媽們陷入窘境，彷彿走到了一個有無數出口的迷宮，乍看起來任何一條道路都可以讓你走到終點，可是認真一走卻發現仍然身陷迷途。

本書結合當今最權威的育兒知識，針對父母最常遇到、最為困惑的疑難問題，將寶寶睡眠的真相抽絲剝繭般地展示出來，讓你知道建立在科學基礎上的事實，同時也能汲取有經驗父母的建議和最權威專家的指點，並提供實用可行的神奇妙方。

編者希望藉由此書能夠幫助寶寶養成良好的睡眠習慣，使您和寶寶都能擁有甜美的睡眠。

目錄

第三章 良好睡眠的奏眠曲 125

第四章 良好睡眠交響曲 181

CH 1

瞭解寶寶睡眠 step by step

寶寶這麼說

我是一個新生的寶寶，從前我住在一個有水的房間裡，讓我每天都可以不停地游啊游，有時候我的小手小腳努力的一踢，便會碰到我那小房子的牆壁，這時候媽媽就會寵溺地說：「寶寶，你踢到媽媽了喔！」媽媽說這話的同時，我還聽見有個人附和他，那個人就是爸爸。爸爸會用他的手撫摸媽媽的肚子，驚喜地

喊：「有動，有動，真的有動喔！」雖然有時候我的小手手、小腳腳會把媽媽弄疼，可是他們卻從未不開心。於是我就在溫暖的像海洋一樣的小房間裡安穩的待了十個月，在這十個月，我一直是迷迷糊糊的，從來沒有真正的清醒過。可是有一天，我熟悉的環境卻突然沒有了。當我再次試圖揮起我的小手小腳時，卻觸摸不到那些海洋般的東西了，我揮啊揮啊揮，但什麼都抓不住了。於是我努力地哭啊哭啊哭，我熟悉的地方怎麼不見了呢？在新的環境裡，我怎樣才能像住在以前的房子裡那樣安穩地睡覺呢？

爸媽這麼說

媽媽A：身為一個職業女性，寶寶出生後我就一直擔心受怕，我家寶貝太會折騰了，尤

其是夜間，讓身為媽媽的我也只好陪著他一起折騰，以致於第二天工作時，整個人都沒精神。多希望我家的寶寶能夠安睡一整夜，讓我也能好好休息一下，第二天精力充沛地工作啊！

爸爸Ｂ：我家寶貝打從出生起，實在是太能睡了，一天二十四小時，我想這孩子也睡了二十個小時吧！寶寶的媽常常說，能睡的孩子好帶，可是我卻不放心，孩子還這麼小，究竟怎樣的睡眠才適合他呢？

奶奶Ｃ：現在的爸爸媽媽都忙，身為奶奶的我就只好肩負起了照顧寶寶的責任。好在我有著照顧寶寶的豐富經驗。想當年照顧寶寶爸爸的時候，我就把他養得又白又胖，現在我照樣也能把寶寶養得棒棒的，可是寶寶的媽媽總會說：「媽，您這樣照顧孩子不合適。」怎麼不合適？當年我就是這樣把孩子帶大的啊？尤其針對孩子睡眠問題，寶寶媽媽說要科學嚴格地執行，我不懂不科學不也把寶寶爸爸養大了嗎？怎樣才能培養一個會睡的寶寶呢？

專家這麼說

上面的各種說法只是代表了部分家長的心聲，實際上關於寶寶的睡眠問題，家長們還存在著很多的誤解，總結這些錯誤的觀點，我們不妨把家長們對待孩子的睡眠問題分為以下幾類：

第一類：越多越好型

這一類的家長大多工作繁忙，沒有太多的時間關注自己的寶寶，白天的工作已經讓他們備感疲憊，一個在家不停哭鬧的孩子就更是讓這些家長們頭疼，面對這種情況，這些家長們不約而同都希望自己的孩子是一個會睡的寶寶，並認為會睡的標準就是睡得越多越好。對家長們而言，一個老是安靜著休息的寶寶的確可以讓父母省掉不少麻煩，贏得一個安靜

的自我空間，然而對寶寶而言，「會睡」並不等於睡得越多越好。以越多越好為基礎的錯誤觀點，會讓你在照顧寶寶——尤其是寶寶的睡眠問題上，走到錯誤的領域，影響孩子的發展。

第二類：科學至上型

這一類的家長大多具有較高的知識水準，對知識的理解能力很強，瞭解科學的方法在培養、引導寶寶發展方面的重要作用，但是卻視科學為一切的準則，嚴格地按照科學的方式來安排寶寶的睡眠，一個月的時候睡多長時間，六個月的時候又是什麼情況，夜裡應該醒來幾次等等。一旦寶寶的表現與科學的標準不一致，家長心裡便開始敲起鼓。認識到科學知識的重要性是好的，但不能把科學依據視為看待寶寶睡眠問題的唯一標準，還要結合實際，具體問題具體分析。

第三類：經驗至上型

這一類的家長大多都是長輩或是曾經有過養育寶寶經驗的家長們。在這類家長們心中，認為自己的經驗可以應付一切的問題，一切都依照自己的經驗來辦事，殊不知時代是不斷變化的，爺爺奶奶們曾經用來照料寶寶的方法在今天卻未必適用，你曾經養育第一個孩子的經驗在第二個孩子身上也未必奏效。有經驗對養育寶寶的家長而言固然是一件利器，但是錯誤使用也有可能會帶來適得其反的效果。因此，照顧寶寶，尤其是寶寶的睡眠問題也不能僅憑自己的經驗一概而論。

第四類：越少越好型

這一類的家長多是性格急躁，希望從寶寶一出生開始就好好規劃寶寶未來的發展，讓自己的寶寶贏在起跑點上。當他看見寶寶過多的睡眠時，便會擔心寶寶是不是睡太多，他們會想盡一切辦法促進寶寶的發展，不希望寶寶浪費掉每一分鐘。家長希望寶寶贏在起跑點上的想法固然是好的，但是過於激進卻適得其反，畢竟好的睡眠是發展寶寶其他能力的基石，對家長們而言，培養會睡寶寶才是當務之急。

第五類：放任自流型

這一類的家長往往心態平和，對什麼事情都持無所謂的態度，不注重觀察寶寶睡眠的多少和睡眠的品質，也不關注和吸收那些與寶寶睡眠有關的科學知識。這類家長的口頭禪往往是：「隨便啊！寶寶怎麼睡都好。」或是在問到具體寶寶的睡眠問題時，「我從不知道我家寶寶到底睡多久、須要睡多久，好像也沒有什麼問題。」在照顧寶寶尤其是他們睡眠的過程中，保持一個平和的心態雖是好事，但是平和的心態並不等於忽視，家長們還是要適當地將注意力轉移到寶寶的睡眠時間和睡眠習慣等相關的問題上。一旦寶寶遇到睡眠障礙或相關問題時，能夠在第一時間發現並想出應對之策，而不是一問三不知地回答好像什麼都好。

溫馨提示：

對0～3歲的寶寶而言，睡覺往往是他們生活中最重要的一件事，專家們認為，人類的睡眠是為更好的生存作準備，對寶寶們來說更是如此。正如羅馬不是一天造成的一樣，寶寶的良好睡眠狀況也不是一蹴可幾的。新手爸媽們要作好長期作戰的準備了，為培養一個會睡寶寶，我們一起加油吧！

Step2 睡眠的一般規律

新手爸媽的問題

家有新成員——寶寶報到時，新手爸媽總會面臨著很多的問題，迎來許多生活的挑戰，如何照顧寶寶，並使寶寶擁有一個良好的睡眠，就成為擺在新手爸媽面前的第一道難題。使寶寶擁有良好的睡眠是每一個初為父母的新手爸媽都必須作到的，可是要命的是，當你把小小的寶寶抱在懷裡試圖哄他睡覺時，卻發現怎麼也哄不著。當你看著寶寶蹣跚學步後，在他興奮地玩了一天試圖讓他上床平靜地入睡時，卻怎麼也作不到。新手爸媽遇到這種問題時，就只能皺起眉頭，想不出更好的解決辦法。睡眠是寶寶成長的基礎，沒有好的睡眠，寶寶會變得沒精神，更嚴重者甚至會影響到寶寶的發育。到底怎樣才能解決這些

擺在新手爸媽面前的難題呢？

專家這麼說

要解決新手爸媽的問題其實一點都不難，許多家長在處理這些問題時，只顧著匆忙請教過來人的經驗，卻忘了從最基本的問題著手。要想使寶寶擁有良好的睡眠，新手爸媽要作的第一件事就是瞭解睡眠的一般規律。只有瞭解了睡眠的一般規律，才能為寶寶創造更好的睡眠環境，使他更好地成長。

完美的睡眠流程

當我們看著寶寶安靜地躺著，緊閉雙眼，有時臉上還夾雜著些許微笑，我們很明確地知道他睡著了。寶寶睡在那裡的姿勢可能長時間都沒有變化，然而我們看到的那副安詳的畫面就是寶寶睡眠的本質嗎？答案是否定的。寶寶的睡眠從來都不是一個寶寶安靜地躺在搖籃裡那麼簡單的事，實際上，無論大人還是寶寶，睡眠都是一個動態的過程，它的複雜程度甚至超乎了我們的想像。

下面的睡眠階段表將幫助您對寶寶睡眠形成一個更加直接的瞭解：

睡眠階段	特徵	睡眠深度	身體和大腦狀態
序曲	打瞌睡。	取決於環境的影響，有兩種可能：進入下一個階段的睡眠或者被驚醒，再次進入完全清醒的狀態。	身心都放鬆。
第一階段	慢慢閉上眼睛。	輕度睡眠狀態，非常容易被驚醒。	飄浮感，肌肉放鬆，呼吸放慢，身體有時會有痙攣現象，眼球可以輕微轉動。
第二階段	較安逸的睡眠。	輕度睡眠狀態，容易被驚醒。	呼吸漸漸變緩，準備進入深度睡眠。

第三階段	安逸的睡眠姿勢。	慢波睡眠狀態，不易醒來。	放鬆地呼吸，可能會出現尿床、夜驚，年紀稍大的孩子有可能會夢遊和說夢話。
第四階段	最深睡眠。	慢波睡眠狀態，非常不容易醒來，一旦被驚醒會感到無力，迷失方向。	緩慢而規律地呼吸，沒有眼球和肌肉的運動，可能會出現尿床、夜驚、夢遊和說夢話。
速眼動睡眠階段	作夢。	可能容易醒來，也可能不易醒來。	大塊肌肉固定不動，小塊肌肉可能出現抽動；心率、呼吸頻率加快，眼球快速轉動。
睡眠慣性階段	可以被喚醒。	處於睡眠和完全清醒之間的轉換期；可能再次入睡或者完全清醒。	四肢無力，迷失方向，困惑，行動遲緩，反應時間和能力受限，依然想再次進入睡眠。

在這張表的幫助下，相信新手爸媽們對睡眠的階段已經有了一個基本的瞭解吧！一個完整的睡眠過程是由七個相互關聯的階段構成的，對寶寶而言最初的四個階段分別持續5～15

分鐘，第五階段的完整過程大約要持續90～110分鐘。但是有趣的是這七個不同的睡眠階段並不是依次發生的，如果寶寶不能進入夢境到來的階段——速眼動睡眠，將會重複進行第二和第三階段的睡眠。所以，寶寶的最佳睡眠循環是：瞌睡、第一階段、第二階段、第三階段、第四階段、第三階段、第二階段、速眼動睡眠、速眼動與非速動眼睡眠交替直到睡眠結束。

Tips：

——快速眼動期睡眠

這是美國科學家納日尼爾．可萊特曼和他的學生尤金．亞瑟林斯共同發現的，該現象意味

著熟睡的人眼球在眼皮下作非常快的前後運動，根據他們進一步的研究發現這個階段的睡眠者正在作夢，根據睡眠者眼球轉動的特徵，睡眠者的這一睡眠階段被命名為速眼動睡眠階段。

——慢波睡眠階段

在美國這兩位傑出的科學家發現速眼動睡眠現象後，越來越多的研究者開始觀察睡眠者在睡眠狀態下的腦電波，慢波睡眠階段睡眠者釋放出來的腦電波幅度高，但是速度卻很慢，而這一現象通常都發生在睡眠的第三、第四階段。

Step3 小測試：寶寶睡眠知多少

寶寶寄語

我的爸媽都是擁有高學歷的知識分子！在當今社會，作什麼事都是要講科學的。因此，在涉及到我重要的睡眠問題時，我想給爸媽出道難題，雖然他們很擅長用電腦，也很擅長用經濟學的知識進行投資，更擅長在LV、Armani挑選自己喜歡的衣服和包包，可是，我卻十分懷疑他們是否真的瞭解我的睡眠。所以，我想

給爸爸媽媽出道小測試，你們要準備接招了喔！

1、寶寶睡眠模式是何時建立的？

A、出生前。

B、六個月。

C、一歲後。

正確答案：A

專家解說：早在出生前寶寶就開始建立自己的睡眠模式了，懷孕六、七個月，胎兒開始出現速眼動睡眠，也稱活躍睡眠，這一階段會出現夢境。懷孕七、八個月，胎兒會出現非速眼動睡眠，也稱為安靜睡眠。寶寶出生後最初幾週的睡眠狀態和週期，無法表明其長期睡眠習慣。出生後，寶寶須要學習在夜間如何睡得更長一些。

2、新生兒一天通常要睡多少個小時？

A、10～12個小時。

B、13～14小時。

C、16～18小時。

正確答案：C

專家解說：大多數新生兒一天的睡眠時間是16～18小時，三個月以後會減少，每天14～15小時，但這只是一個寶寶睡眠的平均值，表現在不同寶寶身上，睡眠的時間也會有略微的不同。但在出生後的第一週，他們每次睡眠不會超過3～4小時，無論是白天還是黑夜。夜裡媽媽則須要起來給寶寶餵奶、換尿布，白天須要陪他玩。過幾個月，寶寶才能學會晚上睡覺。

3、對於嬰兒，什麼樣的睡眠姿勢更安全？

A、仰臥。

B、側臥。

C、俯臥。

正確答案：A

專家解說：關於寶寶的睡眠姿勢在不同的階段也會有不同的標準，以0～3歲的寶寶而言，一歲以下的嬰兒應當選擇仰臥的睡眠方式，這種睡姿可以避免嬰兒猝死綜合症發生。一歲以後，寶寶可以開始嘗試其他睡姿。在此階段採用何種睡姿並無大礙，讓寶寶選擇自己習慣的睡姿即可。

4、怎樣知道孩子已經睡熟了？（進入深度睡眠）

A、寶寶躺在那裡一動也不動，即使是自己躺在搖籃中。

B、抬起孩子的手臂或腿，鬆手讓它自由落下，孩子不會因此而抽搐或醒來。

C、輕輕地打鼾。

正確答案：B

專家解說：到底怎樣寶寶才算進入了深度睡眠？每個新手爸媽都曾經歷過這樣的場面，抱著寶寶搖呀哄呀直到他睡著後，將其輕輕地放在床上，他的頭剛一接觸床面，就又醒來了。這是怎麼回事？原來寶寶始終處於淺睡眠狀態，所以很容易被驚醒。為了避免這一幕的再次發生，本題的答案將幫助新手爸媽辨別寶寶是不是真的進入睡熟狀態，避免寶寶在淺眠階段被驚醒。

5、應該跟新生兒睡在一起嗎？

A、應該。

B、不應該。

C、不確定。

正確答案：C

專家解說：和出生不久的寶寶睡在一起，確實有不少好處，例如親密親子關係，方便夜裡給孩子餵奶，有研究顯示這對孩子的情感發育也大有裨益。但並不是每一對父母都適合和

孩子一起睡，有時候會相互干擾，如果有的父母過於疲憊，或喝了含有酒精的飲料或酒就不適合和孩子一起睡。因此，是否與寶寶同眠也要根據實際情況來確定。

6、半歲以前的寶寶夜間為何頻繁醒來？

A、餓了。

B、尿溼了。

C、其他不適，例如長牙痛或鼻子不通。

D、包括以上所有選項。

正確答案：D

專家解說：小嬰兒夜間頻繁醒來是有原因的，最常見的原因是由於其胃容量太小，晚上常常會餓，還可能是尿溼了，也可能是鼻子不通等等，所以凡是引起寶寶不適的原因都可能讓寶寶醒來。

7、多大的寶寶才能整夜睡著？

A、六個月。

B、九個月。

C、不確定。

正確答案：A

專家解說：在生理上講，孩子滿六個月以後，就可以整夜不喝奶了，這為睡整夜覺創造了必要的條件。此時，寶寶白天通常睡兩覺，一次兩小時，晚上偶爾會醒來。當然，也有的寶寶很早（八週）就能睡整夜覺。有些半歲以上的孩子，因為沒有養成良好的睡眠習慣，所以不會睡整夜，夜間還會頻繁醒來。

8、已經會睡整夜的寶貝，為何中間又醒來？

A、家裡發生了一些大事情，例如搬家、媽媽又去上班等。

B、作息時間改變了。

C、寶寶學習了新技能，例如站立、爬行。

D、包括以上所有選項。

正確答案：D

專家解說：即使寶寶已經建立了良好睡眠習慣、晚上能睡整夜了，一旦其生活環境發生了重大變化或發生令他不安的事件時，他就可能從夜間睡眠中再次醒來。很多寶寶一旦學習了新技能，常由於過度興奮而晚上無法安睡。

9、寶寶多大開始作噩夢？

A、出生。

B、一歲。

C、二歲。

D、三歲。

正確答案：C

專家解說：寶寶兩歲以後可能開始作噩夢，但是很難準確說出具體的時間，因為孩子不會描述他所經歷的夢境。兩歲以後，孩子可能會告訴你什麼令他恐懼，並講述他的噩夢。

10、寶寶的睡眠何時才能像成人一樣？

A、出生。

B、兩歲。

C、三至四歲。

正確答案：C

專家解說：雖然寶寶很小的時候就具有了淺睡眠、速眼動睡眠，但是直到他三、四歲才能擁有和成人相同的睡眠模式。

11、寶寶多大才可以從嬰兒床改睡幼兒床？

A、一歲。

B、兩歲。

C、三歲。

D、不確定。

正確答案：D

專家解說：孩子何時應當從嬰兒床換睡幼兒床或大床，並沒有一個確切的時間，雖然大部分孩子在兩到四歲間完成這一轉換。當你的寶寶身高過高，或過於活躍已經不再適合睡嬰兒床時，你就須要讓他睡幼兒床了。一旦開始如廁訓練，孩子就須要自己下床去廁所，此時，睡幼兒床無疑會更加方便。

12、夜晚，如何知道你的寶寶夠溫暖？

A、摸摸孩子的手腳。

B、給孩子量量體溫。

正確答案：A

專家解說：你可以用手摸摸孩子的手腳或額頭，看看他是否溫暖。如果孩子的皮膚青一塊紫一塊的，且手腳冰涼的話，你應該給孩子多蓋一層，戴睡帽和穿連腳褲也是好的方法。如果寶寶手足或額頭潮溼、有汗，那說明寶寶穿、蓋得太多，你應當給孩子減掉一層被蓋。

13、夜燈會影響寶寶的視力嗎？

A、會。

B、不會。

正確答案：B

專家解說：很多父母看了兩歲以下的孩子使用夜燈將增加患近視眼機率的研究報告後，感到很擔心。其實，近視和夜燈的使用完全無關，你根本不必擔心夜燈會影響孩子的視力。

14、寶寶晚上床就能縮短寶寶的入睡時間？

A、對。

B、不對。

正確答案：B

專家解說：嬰兒過於疲勞，會更難入睡。過於疲憊的幼兒，夜裡會頻繁醒來。

寶寶寄語

我的聰明爸媽們，不知道這些題目對你們來說有沒有難度呢？爸爸媽媽一定發現很多事情不是自己想像的那個樣子吧！所以，讓我安靜的躺下、睡著，始終來都不是一件容易的事喔！

Step4 創建寶寶的睡眠日誌卡

學習完那麼多關於睡眠的知識後，相信許多新手爸媽還是會滿懷疑問，要使寶寶睡得好，讓自家寶寶擁有最優質的睡眠，到底有什麼切實可行的計畫？現在，是爸爸媽媽們開始努力的時候了。

我們將要作的事情是：建立寶寶的睡眠日誌。用這份日誌記錄寶寶現在的睡眠狀態，用規範化的圖表幫助你分析寶寶現在的睡眠狀況，幫助你決定哪種睡眠方式才是最適合你家孩子的妙方，除此之外，睡眠日誌還可以幫助你衡量對寶寶制訂的睡眠計畫是否有效，如果計畫並沒有達到實際的效果，睡眠日誌也可以讓我們從中得到解決的方法。

新手爸媽是不是覺得聽起來是一件很簡單的事呢？其實不然，許多新手爸媽都曾懷著美好的夢想，野心勃勃地要作好自家寶寶的睡眠日誌，但是隨著時間的流逝，新手爸媽的耐心也開始流逝，畫滿表格的日誌變得越來越空。所以，簡單記錄寶寶睡眠情況的睡眠日誌也就成了一紙空談。只有持續不斷的耐心、決心、毅力，才能成功建立自家寶寶的睡眠日誌，進而成功改善寶寶的睡眠品質。

新手爸媽們每天工作都很繁忙，如果還得每天都填寫寶寶的睡眠日誌，對繁忙不堪的他們來說也是一項沉重的負擔。當下班後拖著疲勞的身體回到家中，你只想好好躺下休息，睡眠日誌這時卻成為新的噩夢，你不得不拖著疲憊的身軀，根據寶寶的睡眠情況寫下詳細的記錄。事實上並不須要，因為寶寶的睡眠日誌卡並不是為了折磨新手爸媽而存在的。

研究發現，每兩週到四週進行一天的記錄，就足以幫助新手爸媽瞭解孩子究竟睡得怎麼樣，經由睡眠日誌卡找出寶寶睡眠流程、睡眠習慣的缺陷，量身訂製出相對應的調整，並透過接下來的睡眠日誌驗收調整的成果。

寶寶的睡眠日誌有三種不同的形式，分別記錄寶寶午睡時間、就寢過程時間和夜間醒來時間三個不同時段的睡眠情況，每個時段為一個記錄項目，而每個時段記錄的形式和著重點都各有不同。

一、午睡記錄

※為什麼須要午睡記錄？

寶寶睡眠日誌卡的第一種就是午睡卡，這是記錄寶寶睡眠情況的第一步，同時也是最容易被忽視的一個環節。對寶寶而言，午睡記錄是非常重要的，良好的午睡，不僅能給寶寶在接下來的活動中提供充沛的精力，更重要的是直接影響了寶寶夜間的睡眠。下面提供了寶寶的午睡卡的具體形式和相關事項，新手爸媽們只須要在上面簡單一畫，就能輕鬆搞定。

寶寶入睡時間	入睡方式	入睡地點	睡覺地點	睡了多長時間
XX年X月X日 12：45	遊戲後疲倦入睡	沙發上	他的床上	1小時

2、就寢過程卡

※為什麼須要就寢過程卡？

建立就寢過程的記錄，是為了幫助新手爸媽瞭解寶寶晚間（尤其是睡前）的活動，究竟是能幫助孩子更好的放鬆進而入睡，還是更妨礙了寶寶夜間睡眠。與午睡記錄一樣，就寢過程記錄也非常重要，不過這項記錄有著更詳細、更具體的要求，觀察的時間也比午睡長，家長須要簡單記錄寶寶睡前兩小時直到真正入睡，這段時間他所進行的活動，以及睡眠時周圍的環境。

就寢過程卡（如果您的寶寶在被放到床上後又起來時，也請記錄在日誌中。）

寶寶姓名：

寶寶年齡：

記錄日期：

寶寶精神狀況：活躍、適中、平靜。

周圍聲音狀況：吵鬧、適中、安靜。

周圍光線狀況：明亮、昏暗、黑暗。

時間	我們在作什麼	精神狀況	聲音狀況	光線狀況
17：00	吃晚飯	活躍	吵鬧	明亮
	上床睡覺			

3、夜間甦醒卡

※為什麼須要夜間甦醒卡？

夜間甦醒卡的作用，是記錄孩子夜間醒來的次數、他醒來後您作了什麼、他夜間醒來的時間，以及兩次甦醒之間的睡眠時間。夜間甦醒卡幫助我們瞭解寶寶夜間睡眠情況，並據此作出相對的調整，找到最適合寶寶的獨家睡眠方案。

夜間甦醒日誌

姓名：

年齡：

時間	父母被吵醒原因	夜間清醒持續時間	父母的應對方式	再次睡眠持續時間
XX年X月X日 19：00	哭泣並呼喚我	15分鐘	輕搖寶寶使其再次入睡	3小時10分鐘

溫馨提示：

每種睡眠卡都能給新手爸媽出乎意料的幫助，但值得注意的是，由於孩子的年齡不同，睡眠的情況也有著非常大的區別。新生兒、三個月大的寶寶、一歲的寶寶、三歲的寶寶的睡眠時間和習慣，也都不盡相同。對新生兒而言，最重要的任務就是睡覺，這時候他們還沒有明確的白天和黑夜的概念，因此在這一時期，午睡卡對於制訂寶寶完善的睡眠過程，效用並不大。新手爸媽們必須結合寶寶在不同階段的具體情況，確實地填寫各種睡眠卡，才能更好的保證寶寶的睡眠。

Step5 寶寶的睡眠計畫

※為什麼須要寶寶的睡眠計畫？

一卡在手就能解決寶寶睡眠的全面問題，讓我家的寶寶成為「會睡寶寶」嗎？事實上您還須要第二件法寶——寶寶的睡眠計畫。睡眠卡用來記錄寶寶睡眠本來的習慣和狀態，而寶寶的睡眠計畫則幫助新手爸媽及時糾正寶寶睡眠過程中出現的問題。在執行睡眠計畫的過程中，新手爸媽們務必保持自己的耐心、愛心，持續地貫徹自己的既定計畫，堅定不移地實施。因此，睡眠計畫中的每一項都要持續兩、三週的時間才能奏效。

在制訂完善的睡眠計畫之前，新手爸媽們必須要弄清楚以下這些問題：

①您的寶寶夜間睡眠、午間睡眠、總睡眠的時間分別是多少？

②寶寶是否有睡眠缺乏的相關症狀？

③寶寶在進入睡眠之前須要一段時間逐漸平靜下來嗎？

④寶寶睡眠之前的環境總是安靜的嗎？光線總是昏暗的嗎？

⑤寶寶是否經常性的夜間清醒？

⑥寶寶的睡眠過程是您嚴格制訂並貫徹執行的嗎？您的就寢過程會令寶寶感到放鬆嗎？

⑦在每次午餐或晚餐後，寶寶都會感到睡意嗎？

⑧當寶寶醒來時，須要您的幫助才能再次進入睡眠嗎？

⑨寶寶經過夜間睡眠後每天清晨起床的時間是一致的嗎？

⑩寶寶每天的身體活動時間是充分且使他感到疲憊的嗎？寶寶的每次睡眠須要您作些什麼？

您可以在心中默默回想這些問題的答案，甚至在這張問題列表中添加那些你認為有可能存在問題的項目，然後從對那些問題的回答，找到寶寶睡眠中存在的問題，進而有針對性的制訂睡眠計畫引導寶寶睡眠的改善。

睡眠計畫工作表

我們將從寶寶每天的就寢過程開始，進行詳細記錄：

時間	活動

寶寶進入睡眠時間：

須要改善的問題是：

寶寶的睡眠計畫是：

最終的目標是：

Tips：寶寶睡眠時刻對照表。

時間	午睡次數（小時）	午睡總時間（小時）	夜間睡眠時間（小時）	睡眠總時間（小時）
12個月	1～2	2～3	11.5～12	13.5～14
18個月	1～2	2～3	11.25～12	13～14
2歲	1	1～1.5	11～12	13～13.5
2.5歲	1	1.5～2	11～11.5	13～13.5
3歲	1	1～1.5	11～11.5	12～13

當您審視寶寶的睡眠品質時，可以參考此表的資料。如果您的寶寶狀況與此表中顯示的時間相似，那麼，表示已經有了一個不錯的睡眠基礎，而您要作的事就是伴隨他長大的過程中，讓良好的睡眠狀況一直維繫下去。

專家解讀：持久穩定的睡眠計畫好處多。

有針對目的性的改變寶寶現有的習慣，尤其是糾正那些不良的習慣或解決睡眠過程中存在的問題，是一項非常艱巨的任務。這一點相信作為新手爸媽的您心中一定有著更深刻的體會，或許在閱讀本書之前您已經多次為提高寶寶的睡眠品質而努力，但是卻無奈地發現每一次都無功而返，於是沮喪和無奈逐漸佔滿了您的心房。怎麼辦？怎麼辦？怎麼辦？想要成為一名合格的父母永遠都不能停留在腦子裡畫問號的階段，您必須行動起來，嚴格按照以下步驟執行：

1、明確化寶寶的睡眠問題。如同世界沒有兩片完全相同的樹葉一樣，每一個寶寶也是不同的，每一個寶寶成長的家庭也是不同的。沒有放諸四海皆準的睡眠計畫提供給所有的家庭使用，在家庭內部，新手爸媽們一定要齊心正視寶寶的睡眠問題，共同商量認真對待才能開出改善您家寶貝睡眠的良方。

2、確定解決方法。在著手解決寶寶的睡眠問題時，擺在您面前的可能有多條途徑，或許都能通往您最終設定的目標。但是，哪條才是荊棘最少、路徑最短的道路呢？每個家庭的生活習慣不盡相同，在某個家庭成功使用的方式不一定在您家也會發揮作用。「我的地盤我作主」，先確定適合您的家庭、寶寶的解決方式才是王道。

3、綜合所有關於午睡時間、就寢過程、睡眠和甦醒的解決方案，最後制訂出睡眠計畫。知道適宜自己家庭使用的睡眠方案只是第一步，在此基礎上佐以您在過去的日子裡所作的詳實記錄（也可以參考睡眠的卡的記錄），制訂完整的計畫是您接下來要作的事。

4、堅定不移的實施。經過紙上談兵階段，接下來的問題就是實施。對許多新手爸媽而言，實施的部分往往才是最艱難的部分，如果您只是制訂了睡眠計畫就隨手擱在一邊，寶寶的睡眠並不會因此而改善。正如在制訂睡眠卡和睡眠計畫過程中一再強調的毅力和決心，堅持不懈的照計畫實施，您將會看到寶寶的睡眠情況越來越好。

5、細微靈活的調整不能少。不要期望您的計畫完美無缺，寶寶是不斷成長變化的，一年，甚至一天、每一分、每一秒都是不相同的。因此，根據具體環境和寶寶實際的變化，您也要在第一時間對睡眠計畫作出細微的調整。一切為了寶寶，制訂睡眠計畫的最終目的是為了讓寶寶睡得更好，只有作出相對的細微調整才能最終實現這一目標。

6、保持輕鬆的心態。請不要把寶寶的睡眠計畫視為一項任務和工作，就如同您在高中和國中階段完成老師指定的作業一樣。當您頂著痛苦和壓力來完成這件事情時，相信您的信心、決心和毅力都會大打折扣。實際上，您只須要把睡眠卡或睡眠計畫視為您跟寶寶共同成長的過程，當執行一段時間後，它便會成為一種習慣，像呼吸一樣自然的存在於您的周圍。與寶寶共同成長的每一分鐘都是美妙的，在這些美妙中，為了給寶寶提供最好的睡眠，保持輕鬆的心態前進吧！

溫馨提示：

養育寶寶不是短跑競賽，而是艱苦而漫長的馬拉松，不要希望能帶著寶寶一路狂奔到終點，而是要有計畫、有步驟的走向通往終點的路上。帶上您的愛心、耐心、決心，走在與寶寶共同成長的這條美妙的奔跑線上吧！

CH 2

良好睡眠的第一樂章

第一節 0～1歲寶寶睡眠特徵篇

對0～1歲的寶寶而言，吃和睡是他們生活中最重要的兩件事，尤其是睡幾乎佔據了這一階段寶寶全部的時間。要培養會睡的寶寶，使自家寶寶擁有良好的睡眠，瞭解寶寶這一階段的成長特徵必不可少。

一、吃飽飽，睡飽飽

健康的飲食是良好睡眠的基礎，要使寶寶睡得好，就要有良好的飲食作為基礎，吃飽飽，才能睡飽飽。這一階段寶寶的飲食主要是以母乳為主，通常新生兒須要二十四小時餵奶（一旦出現飢餓的特徵就須要餵食），一個月後逐漸變為間隔三小時一次，接下來的日

子裡，寶寶不斷長大，餵奶的次數也可以適度減少。在快到一歲的階段（視寶寶的具體情況而定），父母可以嘗試斷奶，逐漸改變孩子的飲食。

2、我的睡眠姿勢是？

當寶寶還生活在母親的子宮中時，身體的姿勢是蜷縮的。當小生命真正來到這個世界，不再生活在一個封閉的小空間中，睡眠的姿勢也就隨之改變了。在剛出生階段，寶寶往往會自然地選擇趴睡，這樣的姿勢讓寶寶們覺得較安全和舒適，彷彿又重新回到了那個熟悉的環境一樣。

3、睡眠週期短！短！短！

這一時期寶寶睡眠的另一個特徵是，每一次睡眠都不會太長，以四個月的寶寶為例，每天的平均睡眠時間大約在9～12小時之間，白天的時候會睡三次覺，每次只持續2～3小時。新手父母們要面對的問題是，往往寶寶剛剛睡著，你可以藉機打盹的時候，他們卻又再次醒來，於是，你不得不拖著疲憊的身軀，再次哄他入眠。

4、媽媽的懷抱

0～1歲的寶寶（尤其是新生兒），總是喜歡賴在大人的懷抱，他們常常會貪戀這個溫暖的懷抱，當您抱著哄他入眠後，試圖把他放下去作您自己的事情，卻發現他立刻就醒了。只有被抱住，才能維持他的睡眠狀態。寶寶住在媽媽子宮中的時候，已經習慣了走動和輕晃的韻律，所以當他被抱在懷中輕輕搖晃的時候，彷彿又重新回到了這種狀態，一個溫暖的、環繞的，又能輕輕晃動的天然小窩。

5、白天、黑夜是不一樣的

對寶寶而言，分清白天和黑夜意義重大，會讓他們逐步調整自己的生活習慣，在接下來的幾個月中，逐漸在白天睡得越來越少而在夜晚保持長時間的睡眠。對所有的新手媽咪而言，這也是一個令人振奮的好消息，因為在接下來的日子裡，伴隨著對白天和黑夜越來越清晰的認識，新手媽咪將可以擺脫夜間餵食的煩惱，爭取到一些一覺睡到天亮的機會。

6、親愛的別哭

在這一階段所有家長都會遇到的煩心事就是半夜寶寶的哭聲，當您勞累了一天，試圖有個安穩的睡眠時，寶寶的哭聲往往讓您欲哭無淚。可是，試著站在一個出生不久，什麼都還不會的寶寶的立場來看，您就會明白這些哭聲的意義——這是您不能忽視的聲音。當寶寶哭泣時，他可能是餓了、不舒服了或想要您的抱抱了，不論是何種可能，寶寶的哭聲都不會平白無故發出，這便是寶寶的語言，他只能用這個簡單的方式向您表達他須要某些東西。而身為家長的您，須要弄懂的就是這哭聲的含意，搞清楚寶寶的須要。

7、媽咪的味道

媽媽的味道總是讓每一個寶貝流連忘返，許多小寶寶養成了含著媽咪的乳頭進入睡眠的習慣。舒適的總是寶寶，辛苦的卻總是媽咪。然而長此以往，不僅母親辛苦，含著乳頭睡覺的習慣也不利於寶寶的成長。

8、我翻！我翻！我翻翻翻！

在寶寶出生三個月後，就會嘗試著自己翻身（不同的寶寶學會翻身的時間也不相同，但基本都是在三個月之後）。可不要小看了這樣一個簡單的動作，如果沒有翻好，或在寶寶翻不過去時沒有適時施以援手的話，寶寶的睡眠同樣也會大打折扣，由於翻身是0～1

歲的孩子都必須經歷的事情，要使寶寶睡得更好，我們也不得不考慮到寶寶的這一成長特徵。

溫馨提示：

0～1歲的寶寶還有著許多不同的關於身體、認知能力、社會適應能力和語言能力等不同方面的特徵，而上面列舉出來的，僅僅是在寶寶的這一成長階段與寶寶的良好睡眠息息相關的八個重要方面，當然，如果您有更多的時間和精力，不妨瞭解一下更多關於寶寶的成長特徵和寶寶的生活習性。相信這樣的過程一定能更好地幫您制訂睡眠計畫，給寶寶提供最佳睡眠。

第二節　0～1歲寶寶睡眠訣竅篇

一、吃的好才能睡得好

寶寶的牢騷：

吃啊吃！睡啊睡！整天就作著這兩件事情，可是當我吃得不好的時候，又怎麼能睡得好呢？吃跟睡本來就是緊密聯繫在一起的嘛！可是，到底吃什麼？怎麼吃才好？媽咪呀！這好像是個艱巨的任務呢！

專家這麼說：寶寶最理想的食物——母乳。

不少的研究顯示，對寶寶們來說，最美味的食物便是母乳。母乳含有豐富而易吸收的蛋白質、脂肪和醣類，白蛋白多、酪蛋白少，更容易被消化和吸收；母乳中的脂肪為不飽和脂肪酸，營養價值高、顆粒小，有利於消化和吸收；母乳中乳糖含量多，有利於乳酸桿菌成長。母乳還含有豐富的鈣，鈣、磷比例合適（2：1），容易吸收，較少發生低鈣血症；母乳含鐵雖不多，但很容易吸收利用，其鐵的利用率達到50％。母乳含有質、量都最適合嬰兒的營養素，而且營養素之間配比合理。

母乳除了能提供合理更易吸收的營養之外，還能更進一步提高寶寶的免疫力、防止過胖、有益心臟、讓寶寶的大腦更加健壯、降低過敏，甚至能預防白血病的發生。母乳的種種優勢使之成為新生寶寶的最佳食物選擇。寶寶只有吃好才能睡好，母乳是保證寶寶良好睡眠的第一法寶。

＊怎樣餵才好？

正常的足月新生兒，出生後半小時內即可讓母親餵奶，可以有效促進母乳分泌。乳汁分泌一般在哺乳後三十分鐘達到高峰，尤以夜間哺乳為高。

在最初幾天母乳分泌量較少時，只要按須哺餵就可以，即嬰兒一醒來張著嘴想吃，就讓他吃，此時最好母、嬰能同室，母親的泌乳量會逐漸增多以滿足嬰兒須要。注意此時不要怕母乳不夠而人為增加餵食牛奶或其他乳製品，以免影響母乳分泌。

一、兩個月內嬰兒的哺餵可以不定時，按嬰兒須要進行哺餵就可以。此後根據嬰兒睡眠習慣可白天每2～3小時哺餵一次；為了讓母嬰睡好覺，晚上可逐漸延長到3～4小時哺餵一次，甚至可試著在晚上停餵一次，一晝夜共餵六至七次。

四、五個月後，哺餵可減到每日五次，每次哺乳15～20分鐘，以嬰兒吃飽為準。但一定要作到每次哺餵讓嬰兒吸空至少一側乳房，不剩餘乳，否則會使乳房泌乳逐漸減少。

*輔食的搭配

0~1歲寶寶輔食搭配參考列表

寶寶年齡	寶寶成長特徵	輔食材料	可選菜色
0~3個月		純母乳餵養，按須哺乳即可；人工餵養者餵魚肝油，以補充維生素A、B、C、D和鐵、鈣、磷等。	
4~6個月	補充維生素和鐵，鍛鍊寶寶的咀嚼能力，從食用流質食物過渡到食半流質食物的關鍵期。	可以配合母乳補充熱量、蛋白質的食物，多數為糊狀食物，奶、穀物、雞蛋、水果、蔬菜，一樣都不能少。	米糊、香蕉糊、蘋果泥、豌豆泥、南瓜糊、雞湯麵糊、馬鈴薯泥、胡蘿蔔泥、木瓜泥。
7~8個月	對食物的口味開始有要求，開始對鹹的食物感興趣，乳牙開始長出，有咀嚼能力，舌頭開始具備攪拌能力。	以粥類為主，幫助添加蛋白質和熱量，奶、穀物、雞蛋、水果、蔬菜等。	肝末雞蛋羹、白菜牛肉粥、雜穀營養粥、蘑菇雞茸粥、豆腐肉末粥、青菜魚肉粥、番茄雞蛋粥、瘦肉蘿蔔粥、胡蘿蔔鱈魚粥、鮮肉小餛飩。

9～12個月	一般都有了四顆左右的小牙齒，可以咀嚼稍硬的食物，消化能力顯著增強。	水果汁或碎菜葉等，以補充足夠的熱量、蛋白質類等為主。	馬鈴薯稀飯、肉末豆花稀飯、三色軟飯、牛肉軟飯、木耳蝦仁稀飯、蘑菇雞肉軟飯、馬鈴薯蘋果軟飯、葡萄乾軟飯、豆腐黃油稀飯、豌豆肉丁軟飯、南瓜雞肉軟飯、胡蘿蔔牛肉軟飯、蝦皮豆腐軟飯。

Tips：

1、為什麼在寶寶四個月時開始添加輔食？

四個月以前，母乳或嬰兒配方奶粉已足夠嬰兒的營養須求。但隨著嬰兒的逐漸長大，母乳及配方奶粉的營養成分已不足寶寶成長所須，所以為了寶寶有充足的營養，必須適時地給他們添加輔食。太晚添加輔食易造成嬰兒營養不良、排便困難，以及長大後對各類食物的不易接受。過早添加輔食也不行，高蛋白質的食物會造成寶寶腎臟負擔過重，脂肪類食品則可能使寶寶因吸收不良引起腹瀉，碳水化合物又會導致寶寶肥胖。

小於四個月的嬰兒只有吸吮、吞嚥及舌頭移動的簡單動作，且胃容量有限、腎臟功能未發

展成熟，只能給予母乳或嬰兒配方奶粉。而四個月之後的嬰兒，嘴唇肌肉和舌頭的運動已較靈活，分解澱粉、脂肪的酵素也已發育成熟，所以，從四個月開始給寶寶添加輔食是最適宜的。

2、添加輔食的七大原則

①輔助食物添加量宜由少至多，逐漸增加，經七天後，如無消化不良等異常改變，並已成習慣後，再加第二種食物。如果寶寶不肯吃，也不要勉強，可停幾天再試餵。

②添加食物要循序漸進，不宜操之過急，其添加的品種應每次加一種，待消化功能適應後再加第二種，不可同時加幾種，以免造成嬰兒消化不良。

③添加食物按照由細到粗，由軟到硬的原則，

一般應先加流質食物，如米湯、果汁或番茄汁等，以後再加半流質食物，慢慢過渡到一般食物。

④添加食物最好在哺乳前餵給寶寶，這時的寶寶因飢餓比較容易接受，要求食物要作得碎、軟、爛、烹調合理，注意色、香、味。

⑤對食物的品質嚴格把關。添加食物，特別是蔬菜，一定要新鮮、衛生，嚴防引起食物中毒。

⑥當寶寶有病，消化機能紊亂時，或正值炎熱季節，應延遲數週後再添加輔助食品，已添加的輔食應減量或暫停，以免引起消化不良。待病情好轉後，再根據孩子具體情況靈活安排。

⑦要考慮寶寶的消化特點，不宜亂加輔食。有些父母喜歡給寶寶餵些巧克力、麥乳精、蛋糕，甚至蜂王精、人參、銀耳等營養品，卻忽視了寶寶消化能力弱，缺乏消化油膩食物能力的生理特點，結果會引起消化不良，出現食滯，進而使嬰兒營養不良，出現各種疾病。

溫馨提示：

在0～1歲寶寶的輔食參考表中，我們列舉了許多可供寶寶食用的輔食，須要新手爸媽注意的是，寶寶的輔食應該在有限的範圍內經常更換，而不要貪圖方便，千篇一律的選擇一種作為寶寶的輔食，要注意魚、肉、蛋、水果、蔬菜、穀物的合理搭配，良好的飲食可以為寶寶的優質睡眠打下良好的基礎。

2、寶寶的新衣服

寶寶的煩惱：

媽咪！癢癢！每當我將要睡著的時候，就被這股難以忍耐的巨癢給折磨醒了。我抓啊抓，搔啊搔，可是還是趕不走這不舒服的感覺，到底問題出在哪裡呢？

新手媽咪的困惑：

我家寶寶出生後一切都很新奇。同事、朋友來看寶貝時總喜歡買點小禮物，這些禮物不是營養品就是寶寶穿的衣服，看著那些包裝精美的禮品盒，我卻有些不知道怎麼辦。到底應該給寶寶穿什麼樣的才好呢？在他每天大部分時間都是在睡眠中度過的時候，什麼樣的衣服才能讓寶寶備感舒適，安穩地睡覺呢？

專家解惑：

正如我們一再強調的，嬰兒是不斷成長的，當新手媽咪面對著眼花撩亂可供選擇的嬰兒衣物時，務必要擦亮自己的眼睛了。1～3個月的嬰兒皮膚仍然非常嬌嫩，體溫調節功能雖比新生時期要完善一些，但仍較成人差。這時他們大小便的次數仍較多，在這一階段他們

大部分時間都在沉睡，因此絕對要考慮的事情就是衣物是否能讓孩子感到舒適，讓他們睡得更安穩。棉質的衣物是寶寶睡眠過程中的必備法寶。

這類衣服必須要有一定的保暖性幫助維持嬰兒的體溫，輕而且柔軟，樣式多以「套頭衫」為主，要注意衣服必須合身，切記不能過大或過小，過大容易發生衣物纏繞，同時也不容易幫助維持嬰兒的體溫，使嬰兒在睡眠的過程中受寒。過小的衣物會使嬰兒感到拘謹，也嚴重影響了嬰兒的成長發育。同時，寶寶的睡衣應該乾淨舒適，厚度要與天氣相適應：當天氣炎熱時，應該換上相對較薄的睡衣；當天氣變冷時，請選擇厚一點的睡衣。安全問題也是為寶寶選擇睡衣時必須要考慮的，有條件的情況下盡量挑選由阻燃材料製成的合身的棉製睡衣，避免起火時弄傷寶寶的皮膚。

＊那些與紙尿褲有關的事——一個媽咪的經驗

我的小約翰是9月17號出生的，在醫院裡護士給他用的是紙尿褲，後來回到家中，我們和小約翰的外婆常為到底使用紙尿褲還是布片起爭執，結果在一個陽光明媚的下午，外婆終於逮到機會使用她堅持的布片，可是在不到兩個多小時的時間裡，我家的陽臺上就曬滿了尿布，而且小約翰好不容易睡著了後，突然尖叫的哭醒，把我們嚇了一大跳，原來是他又尿溼了……就這樣，事實證明，紙尿褲能讓小約翰睡得更加舒適，在決定了使用紙尿褲後，新的煩惱又擺在面前，到底怎樣的紙尿褲才能讓小約翰睡得又舒服又好呢？

大家都知道新生兒大小便次數是多麼的頻繁，就算是睡著了紙尿褲也不會閒著，如果不及時發現處理，紅紅的小屁股就有你好看；隨著小約翰一天天的成長，尿褲也要跟著升級。原有的S號紙尿褲再也不適合他使用了，這個時候我果斷的給小約翰換上了M號。

在這段使用紙尿褲的時間裡，我慢慢地掌握到了一些挑選的訣竅：

第一，足夠的輕薄、柔軟度和充足的吸收量。

第二，腰圍有彈力，後身足夠長。

第三，在購買時注意紙尿褲的吸收速度，能瞬間吸收的紙尿褲才能給寶寶創造更舒適的環境。

第四，選擇在大量吸收後不會變得腫脹的紙尿褲。

除了這些挑選紙尿褲的原則之外，還有一些使用的過程中必須注意的原則：

第一，無論是使用紙尿褲還是紙尿片，把寶寶兩腿之間的鬆緊帶整理好非常的重要，最外側的鬆緊一定要拉出來，這是預防側漏的關鍵。

第二，根據寶寶的成長狀況，及時給尿褲和尿布升級。

第三，在寶寶大便後，一定要立即清理更換（如果僅僅是小便還可以繼續使用），這對防止紅屁股很重要。我的小約翰已經快一百天了，只有一次因為他睡著了沒發現而沒來得及更換，導致他的小屁屁上出現了一小塊紅印子。

自從總結出這些選擇紙尿褲的祕訣後，我家的寶寶終於能舒適的睡個好覺了，就算是在夜晚，也不用太過擔心。寶寶的舒適，就是媽咪最大的心願，看著他一天天不斷長大的樣子，我也越來越開心呢！

專家點評：

這個媽咪所講述的故事是不是妳也有過類似的經驗呢？相信在養育寶寶的過程中，妳

一定也有過這種困擾。稱職的新手爸媽們是不會在這些困難面前倒下的，你要作的只是學習這位媽咪，善於總結和發現，找到解決問題的辦法。

Tips：杜絕和修復紙尿褲引起的紅屁股。

即時水洗或用溼紙巾清理換上新尿褲／布，晚上長時間不更換的時候，換上新尿褲／布的時候，就給寶寶塗上護臀膏；如果寶寶已經出現了紅屁股，一定要勤給他換新尿褲／布，以免加重紅屁股，同時每次更換的時候都在患處塗上護臀膏。

3、搖動的床

你可以二十四小時隨時都把寶寶抱在懷中嗎？當然，這是近乎於不可能完成的任務。新生寶寶的到來，讓人驚喜卻又不停地製造各式各樣的煩惱，你是那樣的愛他，愛不釋手，可是你也明白其實你不能一直把他抱在懷中，別說寶寶不樂意，就是新手爸媽

的體力也未必能支撐得了。於是，為寶寶挑選一個專屬的床，就是每個新手爸媽要作的事。儘管在新生兒剛誕生時，他有可能會有那麼一段時間在母嬰室完全與媽咪睡在一起，但是隨著寶寶一天天長大，一直與爸媽睡在一起總是會有諸多的麻煩，例如你總是緊張地維持著一個睡姿，擔心一翻身就會壓到你心愛的寶寶；或擔心你隨便一個動作都會不小心掀起被角，讓寶寶受到風寒。

新手媽咪的問題：

不用別人說我也知道必須為孩子準備一張嬰兒床，可是說來容易作起來難，到底怎麼樣的床好用真是讓我絞盡腦汁。床買回來了，要怎麼佈置才合適又成了新的問題。寶寶的爸爸試圖買一堆絨毛玩具擺在床邊，說要從小培養寶寶的美感，我覺得這想法是好的，但寶寶還不到一歲，放這些東西萬一影響他睡覺時的呼吸怎麼辦？總之就是麻煩事一大堆，唉！究竟如何才能挑選出一張讓我家寶寶睡得無比舒服的床呢？

專家解說：

在培養會睡寶寶的征途上，問題總是一堆又一堆。不過對新手爸媽們來說，要作的不過就是「兵來將擋，水來土掩」而已，關於嬰兒床的問題，同樣也是如此。建議新手爸媽可以參考下面的方法，為自己的寶寶佈置最適宜睡眠的嬰兒床。

第一步：挑選合適的嬰兒床

要挑選一張能夠讓寶寶睡得更好的嬰兒床，必須重點瞭解床的舒適程度和安全性能，因此，在挑選的過程中必須遵循以下準則：

1、床緣柵欄很重要：盡量選擇圓柱形的柵欄，兩個柵欄之間的距離不可超過六公分，以防止寶寶把頭從中間伸出來。有些媽咪喜歡花紋比較複雜、雕飾比較多的嬰兒床，事實上，這樣的床對寶寶是不夠安全的。因為床欄或床身上凸起的雕飾容易勾住孩子的衣物，當寶寶在睡覺時容易被這些裝飾所誤傷。

2、嬰兒床的所有表面必須漆有防止龜裂的保護層：正在長牙的寶寶喜歡用嘴巴啃東西，

因此床緣的雙邊橫杆必須裝上保護套，家長尤應注意金屬材質的嬰兒床絕對不能含有鉛等對孩子身體有害的元素。欄杆、油漆等材料無毒性，不會有重金屬（如鉛、鉀、鎘、鉻、汞等）成分。

3、嬰兒床的大小：嬰兒床如果太小，用一年左右就要淘汰，似乎有點浪費。但是如果太大，又不能給嬰兒提供安全感。因此，必須要考量自家寶寶的體重和體型選擇最適合寶寶的床。

4、柵欄的高度：柵欄的高度一般以高出床墊五十公分為宜。要是太低，一旦寶寶能抓住柵欄站立時，隨時有爬過柵欄掉下來的危險。如果太高，父母抱起或者放下嬰兒都十分不便。除此之外，可以選擇柵欄附有活動小門或柵欄可以整體放下的嬰兒床，這樣抱孩子或幫孩子換尿布的時候就不必老彎下腰來抱寶寶，也就不會引起腰痠背痛了。

5、滾輪和搖擺功能：有些嬰兒床安裝了小輪子，可以自由地推來推去。在選擇這種小床時，必須注意它是否裝有制動裝置，有制動裝置的小床才安全，同時制動裝置要比較牢固，不至於一碰就鬆。還有的小床可以晃動，有搖籃的作用，這種床也一定要注意它各部位的連接是否緊密牢靠。最好不要買只能晃動不能固定的小床，因為嬰兒的成長速度很快，睡搖籃的時間畢竟短，更須要的還是一張固定的床。

6、調位卡鎖：嬰兒床兩邊的床緣通常有兩個高低調整位置，這些調整控制必須具有防範兒童的固定卡鎖機能（即兒童無法自己把床緣降下）。有些嬰兒床設計了單邊調抵控制，它可以減少意外鬆開的機會。

第二步：嬰兒床的佈置

選好了床，接下來要作的第二件事情就是：把這張會搖動的床佈置成寶寶最舒適的家。跟買床一樣，為寶寶佈置一個適合睡眠的嬰兒床也是有規則和準則的，新手爸媽只須要注意以下幾點：

1、合理使用床墊：當床墊調到最高位置

時，它與床緣的距離至少要二十五公分以上。床墊要與床架緊緊密合，以預防寶寶探頭進去。在床墊材質的選擇上，傳統的棉製被褥是不錯的選擇，能使寶寶備感舒適，睡得更好。

2、挑選合適的床單和被套：佈置嬰兒床的床單和被套的材質也必須是棉質的，有些爸媽喜歡挑選鮮豔印花圖案的床單或被套，要注意床單和被套的印染材質，以免引起寶寶的皮膚問題，被面摸起來必須光滑，沒有凸起物。將床單和被套放置在嬰兒床時，必須工整平整地放置。

3、合理使用緩衝圍墊：使用圍在嬰兒床內四周圍布製的（塑膠製的容易撕裂）圍墊，能夠保護嬰兒的頭部。圍墊最少要有六個以上的結縛處；將結縛的帶子保持最短的長度，以防備寶寶勒到脖子。一旦寶寶踏到圍墊上便應該拿掉圍墊，因為它們可能成為寶寶爬出床外的墊腳石。

4、紗帳的使用：夏天的時候不妨為嬰兒床添上紗帳，嬰兒床最好能配有張掛紗帳的設計，這樣夏天可以擋住蚊蠅對孩子的侵擾，太陽太大的時候，也可以調節光照。

溫馨提示：柔軟被褥雖然好，小心使用不可少。

研究發現，為寶寶提供舒適睡眠的柔軟被褥也有可能成為兇手喔！所以，小心點，在使用它們的同時，也必須讓這些柔軟東西帶來的危險遠離寶寶！為了防止因為柔軟被褥造成嬰兒死亡，美國消費安全委員會、美國兒科研究會和美國兒童保健與人類發展研究院，正在修正有關嬰兒睡覺時安全注意事項的建議，下面就是針對一歲以內寶寶睡覺時應該遵守的安全建議：

①讓寶寶平躺仰臥在鋪了結實床墊的嬰兒床上，而且嬰兒床要符合目前的安全規格。

②把枕頭、棉被、羊毛圍巾、毛茸茸的玩具等其他柔軟的東西從嬰兒床上拿走。

③考慮選擇用睡衣代替毛毯給寶寶蓋上，而不用其他遮蓋物。

④如果用毛毯的話，把寶寶的腳放到床的底部，反折部分毛毯到被褥裡，僅剩下部分毛毯蓋到寶寶的胸部。

⑤在寶寶睡覺期間，確保寶寶的頭部不被毛毯遮蓋。

⑥不要把寶寶放在水床、沙發、軟棉被、枕頭等其他柔軟東西上睡覺。

這些柔軟的東西往往對喜歡趴著睡的寶寶更不利，因為趴著睡覺的寶寶更容易被枕頭、棉被、羊毛巾蓋住，臉、鼻子和嘴被被褥遮蓋無法呼吸，但是這並不意味著保持平躺姿勢的寶寶沒有危險，新手爸媽們一旦分心，讓棉被蓋住了寶寶的臉部，同樣也會有危險。所以，新手爸媽必須提高警覺，定時去查看寶寶的睡眠狀況，尤其是在他最初學會翻身的幾個月，成功躲開此類危險，讓寶寶安心睡眠。

Tips：寶寶枕頭的使用。

寶寶的枕頭過高或過低，都會影響呼吸通暢和頸部的血液循環，導致睡眠品質不佳。那麼，寶寶的枕頭究竟多高才合適呢？嬰兒長到3～4個月時可枕一公分高的枕頭；長到7～8個月時，應枕三公分高左右的枕頭。以後根據嬰兒不斷發育的情況，逐漸調整其枕頭的高度，一般幼兒枕頭的高度為六至九公分。

具體而言，三公分高，十五公分寬，三十公分長的枕頭較為適用，枕頭用棉布縫製（材質的要求可以參照被套和床單），外罩布料枕套經常換洗，多曬太陽，拍拍鬆鬆，讓枕頭鬆軟，讓嬰兒感到舒適，睡眠安穩。

4、新鮮空氣看過來

僅僅經由舒適的嬰兒床來幫助寶寶睡眠是遠遠不夠的，清新、安靜、舒適的室內環境也是培養會睡寶寶的必備法寶。你想為寶寶創造一個舒適環境嗎？你想讓寶寶每天都呼吸到最清新的空氣嗎？那麼，我們一起上路，慢慢學習吧！

案例重現：夏天的難題

火辣辣的夏天又來了，心急的媽媽早早地就為寶寶裝好了空調器，準備好了花露水、驅蚊水、痱子粉，一心想使寶寶在夏天也能睡得飽飽。一開始，寶寶的身上的確涼爽了許多，也不長一顆痱子，可是不到幾天的時間，在這樣清爽的環境裡，寶寶的呼吸系統卻發出了警報！改善寶寶居家空氣刻不容緩！

專家解析：

新手爸媽們想要為寶寶創造涼爽安睡環境的願望是好的，但在這裡卻用錯了方法，長期使用空調的房間中可能存在以下空氣問題：

空氣問題一：缺乏負離子

房間內的空氣經空調器處理後，所吹出的冷風，大多是取自房間內原來的空氣，經過多次循環後，使得房間內的負離子數極度減少。而負離子又被人們視為「空氣維生素」，當寶寶處在缺乏負離子的空氣環境中時，植物神經的功能就會紊亂，表現為以上所述的各種不適，反而違背了新手爸媽的初衷，嚴重影響寶寶的睡眠。

空氣問題二：二氧化碳濃度高

由於房間內的空氣沒有對外循環，空氣中的二氧化碳濃度遂逐漸升高，最後導致空氣中氧氣缺乏而使空氣變得污濁，十分適合黴菌、病毒及細菌成長；同時還因空調器內的空氣和水反覆使用，使得病原菌不斷增多，並經由排風口污染房間內的空氣。嚴重的病原菌感染甚至會引起頭痛、高燒、全身肌肉痠痛、嘔吐、腹瀉、精神恍惚。

空氣問題三：溫差過大，因為室內的溫度比室外低

這種溫差就會刺激鼻、咽、喉部等黏膜，尤其是溫度調節得較低而使室內外溫差較大時。結果是使血管膨脹，分泌物增多，空氣難以通過鼻腔，當寶寶在空調房中醒來轉換到自然的環境中時，容易引起寶寶鼻塞等傷風感冒症狀。

解決之道：花草來幫忙

怎樣才能既讓寶寶享受到清涼的環境，又能不為糟糕的空氣所困擾呢？兩個重要的方式可以幫助解決這一問題。

第一種方式，便是定時給房間通風換氣，同時打開家裡的門窗，讓空氣在自然風的作用下流動起來，當然須要注意的是，切記不可在寶寶正在房中安睡時打開門窗通風換氣，這樣更容易讓小寶寶染上風寒。通風換氣的工作，可以在寶寶睡醒後挪到其他場所活動時

進行。這樣作或許還是不能達到最佳的效果，因為有可能在寶寶還未醒來的時候，空氣就已經變得非常不好，面對這一難題，新手爸媽們應該如何應對呢？花花草草在這時候就能大顯身手了。

第二種方式，用植物來改善空氣。

潔淨空氣植物對照表

植物作用	植物名稱
吸收有害氣體	吊蘭、蘆薈、長青藤、鐵樹、石榴、金桔、萬年青。
有效殺菌	薄荷、香草、迷迭香。
淨化空氣	冷水花。
製氧、吸收電子輻射	仙人掌。

Tips：

1、花草使用的兩大準則

準則一：搆不著，吃不到。

花草應該盡量擺放在寶寶不能搆到的地方，同時也可以避免誤食引發的食物中毒。

準則二：白天夜晚各不同。

以上這些植物白天可以擺在室內，它們能夠淨化空氣、增加含氧量，還能舒緩情緒。但是到了夜晚，最好還是將其搬到室外的陽臺上去，因為綠色植物只有在白天光線充足時才進行光合作用，吸收二氧化碳、放出氧氣。當夜晚光照不足時，植物就吸入氧氣、放出二氧化碳。室內的綠色植物越多，呼出的二氧化碳就越多，加上晚上關閉門窗，室內空氣不流通，室內積聚大量二氧化碳排不出去，就會使人長時間處於缺氧的環境。

2、危險！這些植物不能用！

蘭花：它的香氣會令寶寶過度興奮而引起失眠。

含羞草：它體內的含羞草鹼是一種毒性很強的有機物，寶寶過多接觸後會使毛髮脫落。

月季花：它所散發的濃郁香味，會使寶寶產生胸悶不適、憋氣與呼吸困難。

百合花：它的香味也會使寶寶的中樞神經過度興奮而引起失眠。

夾竹桃：它可以分泌出一種乳白色液體，接觸時間一長，會使寶寶中毒，引起昏昏欲睡、智力下降等症狀。

松柏（包括玉丁香、接骨木等）：松柏類花木的芳香氣味對寶寶的腸胃有刺激作用，會影響寶寶食慾。

5、幫助睡眠的按摩

替寶寶按摩能增強你與孩子間的情感交流，並能使他平靜，還能改善睡眠模式並幫助消化。當寶寶經歷了一個精力充沛的白天後，按摩有助於幫助他放鬆勞累的肌肉，保證睡眠的品質，同時也可以讓那些還沒有從興奮中緩過神來的寶寶漸漸安靜下來，在不知不覺中進入到睡眠的世界。

＊按摩的準備

時機的選擇：選擇一個你心情放鬆和不會被打斷的時間點。不要在嬰兒吃飽或飢餓的時候按摩。

地點的選擇：確保你感覺舒適。坐在地上或床上，或把嬰兒放在膝蓋上。用一塊厚絨布毛巾墊著嬰兒的背部讓他躺著，因為你按摩的順序是先前面，然後才是背後。

房間的設置：按摩必須安排在暖和的（如果可能的話攝氏24度）房間中進行。

音樂的設置：適宜寶寶放鬆的音樂有助於按摩的進行。

＊怎麼按才好？

按摩的目的是幫助寶寶放鬆，然後更好、更快地進入睡眠，因此按摩手法與成人按摩有較大的不同。首先，對寶寶的按摩力道一定要輕，以免傷害其幼嫩的血管和淋巴管，所以準確地說應該叫「撫摩」。其次，寶寶撫摩的方向也與成人迥異。為寶寶按摩時，按摩者的手要從寶寶的頭撫摩到軀體，然後從軀體向外撫摩到四肢。這種按摩手法與一般的成人按摩正好相反。成人按摩是順著體液回流的方向，有力地沿四肢向心臟移動。儘管寶寶的按摩是按照從上往下的方向進行的，但多數的按摩動作是撫摩或輕柔的捏。捏的時候要輕，以免傷害寶寶嬌嫩的血管。捏一下，手指要滑動一下，然後再捏一下。

下面按次序進行的按摩，既適用幾個月大的健康寶寶，也適用新生寶寶。須要牢記的是，為較小的寶寶作按摩時要更加細心。

小於六個星期的寶寶，一次按摩大約只須要十分鐘。按摩時，用你的手輕輕撫摩寶寶的小臉、腹部和背，輕輕移動寶寶臀部、大腿、小腿和胳膊的皮膚下面的肌肉。不要給新生的小寶寶使用精油。

寶寶洗完澡後是按摩的大好時機，每次按摩，都要先從寶寶的左側開始，一方面是遵循兩極對立的原理，另一方面也順應了東方的觀念：身體一側易於接收，而另一側則強於排出。

＊按摩方法大解密

臉部按摩

①幫寶寶翻個身，讓他的小臉對著你，用指腹輕柔地撫摩他的前額。按摩時要避開眼部，不要讓按摩油進入寶寶的眼睛。

②摸摸寶寶的鼻子，在嘴巴周圍輕撫幾下，然後撫摩雙頰，再沿顎骨周圍輕揉。

頭部按摩

①用你的手輕輕捧起寶寶的臉，同時以平靜、輕柔的聲音和他說

話。說話時，眼睛看著寶寶，雙手從兩側向下撫摸寶寶的臉。這可以使你和寶寶獲得一種親密無間的感覺。

②手向寶寶的臉兩側滑動，滑向後腦。用手腕托起頭部的同時，雙手指尖輕輕畫小圈按摩頭部，包括囟門。

③用拇指和食指輕輕按壓寶寶的耳朵，從最上面按到耳垂。

④用其餘四根手指從頸部撫摩到肩部。從小指開始，用四根手指尖依次按摩。

⑤手向下撫摩到寶寶肩膀上面，休息片刻。

♁注意：在頭部按摩的整個過程中，雙手捧起寶寶頭部時，要注意他的脊柱和頸部的安全。如果寶寶太小，頭部必須得到全方位的支撐。

胸部按摩

①從寶寶的肩膀，沿著身體的正面向下一直撫摩到腳趾，為寶寶

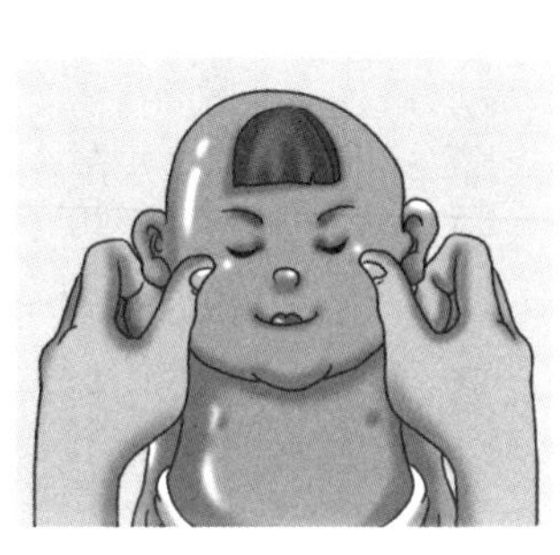
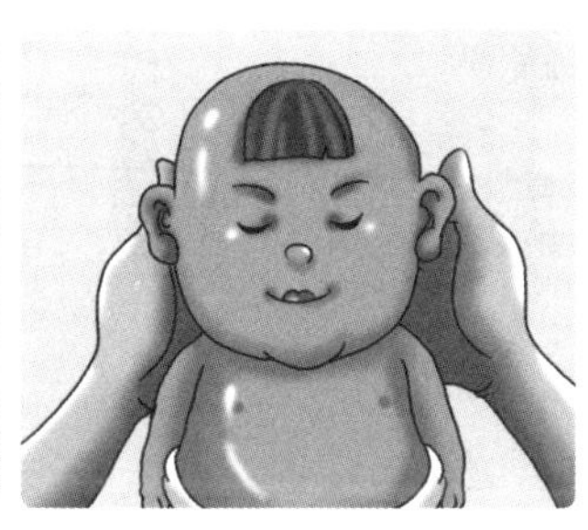
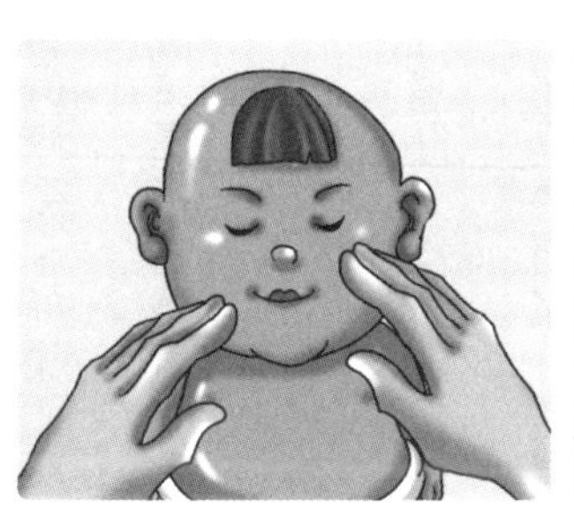

作全身按摩。按摩時可以用一隻手，也可以兩手都用，這取決於寶寶的感受。如果兩隻手交替使用，要保持動作的連貫，沒有另一隻手接替，手就不能放開，這樣寶寶就不會感到手的變換了。

②用你的指尖，在寶寶的胸部畫圈，不要碰到乳頭。在手滑動時，要注意肋骨部位的按摩手法。要用小指的指尖輕輕沿每根肋骨滑動，然後沿兩條肋骨之間的部位滑回來，輕輕伸展這個部位的肌肉。把手移到寶寶的脖頸後面，手指聚攏，胸部按摩就結束了。

背部按摩

①雙手捧住寶寶的頭，向肩膀和背部撫摩。兩隻手在寶寶的背部來回按摩。按摩時，要五指併攏，使掌根到手指成為一個整體，把注意力集中在手上，保持力道的均勻。對於新生兒，只用雙手交替從脖頸滑動到臀部就可以了。然後，把這個溫柔的撫摩重複幾次。

②雙手來回撫摩過寶寶的背部後，在臀部停住。把拇指放在寶寶脊柱的兩側，雙手其他手指併在一起，按住寶寶身體兩側，拇指帶動其他手指上下滑動幾次。按摩時，注意感受

兩拇指之間的脊椎骨，不要用力按壓脊椎。

腹部按摩

如果寶寶是新生兒，臍帶尚未脫落，就不要按摩其腹部。寶寶的肚臍正常後，媽媽可以用指尖或手掌沿順時針方向撫摩寶寶腹部。

①腹部按摩總是沿順時針方向進行，和腸的蠕動方向保持一致。在畫圈的同時，要盡可能放平手掌，輕輕撫摩寶寶的腹部，同時注視著寶寶的臉。作腹部按摩時尤其要和寶寶交流，觀察他是否有不舒服的反應，是否感到疼痛。按摩小腹部時動作要特別輕柔，因為膀胱就在這個部位，如果壓力過大，會使寶寶感到不適。

②用你的手指指腹沿寶寶肚臍周圍畫圈。左右手交叉，右手放在左手上方，為避免兩隻手碰撞，右手在適當的位置手指成拱形狀。注意不要在離肚臍太近的地方按摩，不要引起寶寶的不適。

軀體按摩

①從寶寶的脖頸，沿肩膀外側撫摩，輕輕伸展寶寶肩部的肌肉。

②在寶寶肩部畫圓圈，然後把手指滑向腋窩，再沿肋骨之間的肌肉滑向身體的中央。肋間肌肉對呼吸很重要。

③在寶寶的腋窩到大腿之間來回撫摩，動作是緩慢、流暢還是有力，取決於你希望達到的效果。把手固定在寶寶肋骨的下方，結束軀體按摩。

臀部按摩

①按摩寶寶的臀部。注意在按摩時避開皮膚發炎的部位，用「輕捏、拉伸、放鬆」這三個動作，揉按臀部的肌肉，整個過程只用五根手指就可以了。按摩時，要避開寶寶的肛門。

②用拇指、食指和中指，揉捏寶寶大腿的肌肉，一直按摩到至骶骨（脊柱的下端）。沿著臀部的底部，成扇形向兩側按摩，直到骨盆。最後，從寶寶的頭部輕輕向下撫摩到腳

趾，完成這個部分的按摩。按摩時每個動作的重複次數，取決於你的寶寶的反應。如果寶寶喜歡，可以讓他多享受幾次，如果他不情願，就不必勉為其難。

手臂按摩

①如果可能，用你的雙手從寶寶的肩膀撫摩到指尖。

②按摩寶寶的左臂。交替使用雙手按摩，先捏一下寶寶的肩膀，然後沿胳膊滑到指尖。滑動的時候手指要鬆開。

③如果寶寶喜歡你的撫摩，就再重複一次，不然就輕撫整個胳膊。按摩時有句口頭禪：「如果不知道怎樣按摩，就輕輕撫摩。」在按摩中，使用撫摩動作總是合適的。

④按摩過程中，要時刻注意寶寶的反應。把手移回寶寶的肩上，結束左手臂的按摩。然後再轉向右手臂，重複整個步驟。按摩時要密切注意，不要觸到使寶寶感到疼痛的地方。自如地轉動寶寶的手腕、肘部和肩部的關節。不要在關節部位施加壓力。允許寶寶自由地活動，同時加上你的動作，使二者相協調。經由這種方式，每一步的按摩都會讓你直

接感受到寶寶的發育情況。

手部按摩

①用手指畫小圈按摩寶寶的腕。用你的拇指撫摩寶寶的手掌，使他的小手張開。

②移動寶寶的手臂，和他作遊戲。慢慢鬆開手，撫摩寶寶的每根手指。用一隻手托住寶寶的手，另一隻手的拇指和食指輕握住寶寶的手指，從小指開始依次轉動、拉伸每個手指，保持動作流暢。

③重複上述步驟，按摩寶寶的整隻手，直到每根手指。

④讓寶寶抓住你的手指，用其他四根手指，按摩寶寶的手背。隨著你和寶寶的身體持續地接觸，按摩的品質會逐漸提高。按摩時，要保持動作的連貫和均勻。

腿部按摩

①輕輕沿寶寶左腿向下撫摩，然後手輕柔、平穩地滑回大腿部。

②從寶寶的腿部向下捏到腳。可用兩隻手同時捏，或用一隻手握住寶寶的腳後跟，另一隻手沿腿部向下捏壓、滑動。寶寶這時可能會踢腳，「幫助」你按摩。鼓勵寶寶協調自由地運動是按摩的目的之一，所以不要限制寶寶的這種反應。這種體驗對媽媽和寶寶來說，都是一種愉悅和享受。

③用同樣的方法，按摩寶寶的右腿。

腳部按摩

①用拇指以外的四個手指的指腹，繞著寶寶的腳踝撫摩。一隻手托住腳後跟，另一隻手的拇指向下撫摩腳底。然後，把四根手指聚攏放在寶寶的腳尖，用大拇指指腹撫摩腳底。大拇指按摩腳底時可以稍微加一點力，其他手指不能用力。

②用拇指以外的四根手指的指腹，沿腳跟向腳趾方向，在腳底按摩。按摩時，要稍稍用力，並且保持手法的平穩。每次按摩到腳趾時，手指迅速回到腳跟，根據上述步驟繼續下一次按摩。

③從小趾開始，依次輕輕轉動並拉伸每根腳趾。

④重複上述步驟，按摩寶寶的另一隻腳。腿和腳的按摩結束後，讓寶寶翻身俯臥。

按摩結束前，從寶寶頭部向腳趾撫摩幾次。按摩結束了，別忘了給寶寶一個親吻和擁抱喔！

6、有規律的就寢過程

規律化就寢過程到底有多重要呢？在寶寶剛來到這個世界的時候，新手爸媽們並不須要在就寢過程的問題上過多費心，因為吃跟睡是新生兒最重要的兩件事，而且在一天中，他們睡覺的時間如此之長，以致於根本用不著特殊的就寢過程來幫助他們入睡。可是，當寶寶漸漸長大，到2～3個月以後，你的觀點還會是一樣的嗎？存在新手爸媽腦子裡的觀點是，只要寶寶感覺累便休息，任其自由就好，聽起來這樣的觀點似乎與學者盧梭所提倡的「自然成長」有異曲同工之妙，但實際上缺乏一個整體的就寢過程將會帶來一系列意想

不到的問題。

專家解析：創建有規律就寢過程的四個理由。

①一個規律的睡前過程有著不可磨滅的生理學、便利性和穩定性作用。

②一個規律的就寢過程可以讓你的寶寶更好入睡，盡快由精力旺盛的白天連續活動狀態轉為睡眠所須要的安靜狀態。

③一個規律的就寢過程可以讓你在疲勞、力不從心的時候，不影響到寶寶，讓寶寶在父母睏倦時仍然能夠安眠。

④每天固定而規律的就寢過程、成功而平靜的就寢過程幫助解決寶寶支離破碎、令人不愉快的睡前困境。

兩大法寶交替用

前面提到了許多提高寶寶睡眠品質、促進寶寶更快入睡的方法，還記得第一章裡面要求設置的睡眠卡和睡眠計畫嗎？現在是你拿出它使用的時候了，接下來要作的事情，就是幫助寶寶有規律的睡眠。

第一件法寶是睡眠卡。2～3個月的寶寶睡醒的時間比新生兒長很多，可以開始培養寶寶的睡眠習慣了。及早讓寶寶形成晝夜節律，這對寶寶的健康成長是有益的。須要遵循的總體原則是縮短寶寶白天的睡眠時間，延長晚上的睡眠時間。而你的睡眠卡上已經累積記錄了很多關於你家寶寶睡眠的基本情況，無論是午睡、夜間睡眠，還是夜間甦醒，一卡在手，你都可以作到全程無憂。仔細查看睡眠卡上的記錄，回顧寶寶睡眠的習慣和特徵。

現在是第二件法寶發揮作用的時候了，拿出你已經預先準備好的睡眠計畫表，根據睡眠卡所顯示的特點，為自家寶寶制訂獨一無二的睡眠計畫。

幫助創建有規律就寢過程小妙招

第1招　讓寶寶白天玩個夠。

寶寶在上午9點左右和下午16點醒來後，你經由逐漸延長他的戶外活動、遊戲活動、撫觸活動、聽音樂的時間，來增加睡醒時間，但注意不要讓寶寶感到疲勞。如果在上午和下午各縮短二十分鐘的睡眠時間，寶寶在白天就多出了四十分鐘的睡醒時間，這樣寶寶能接受更多、更豐富的刺激，體格、免疫和大腦功能也將得到促進。

第2招　啟動睡眠程序。

寶寶白天醒來時，你不要急著給他換尿布和餵奶，而是有意延長他的睡醒時間，如試著與他交流，或者幫他作被動操等。夜間避免定時餵奶，不要因為該喝奶了，硬把他弄醒。夜間連續睡眠越長，對寶寶的發育越好。

晚上睡覺時，就到了啟動睡眠模式的時機：喝完奶後，你可以和寶寶說說話，放30分鐘左右的音樂或配樂故事，伴隨寶寶晚間睡眠，以此延長晚間的睡眠時間。隨著月齡的增加，寶寶的固定睡眠模式內容也要適當增加。

案例分析：睡眠習慣的建立——一個媽咪的經驗。

現在的寶寶睡眠和以前大不相同，這是我與多個寶寶家長的共識。以前的寶寶比現在的寶寶睡眠時間普遍要長，顯得特別好帶；現在的寶寶精神似乎比過去的寶寶好很多，睡眠也少，甚至有的家長認為自己的寶寶不睡覺，令人很頭疼，我也有如此的感受，尤其是在我家麥兜剛出生的那兩個月，如果哪天我家麥兜睡覺不要大人哄，並且睡得又好的話，那我就謝天謝地了。不過值得高興的是，從麥兜三個月開始，我們便有步驟的為他制訂一些睡眠計畫，這對提高麥兜的睡眠品質有很大的幫助。

第一階段：剛出生的頭兩個月，睡眠不好時要考慮的情況。

麥兜在剛出生的那兩個月睡眠很不好，白天基本不怎麼睡，如果睡，也就半小時，或抱在手上睡，放到床上，一會兒就醒；晚上臨睡前喝完奶，要抱在手上哄好幾個小時才能

入睡，而且還要動作極輕地放到床上才行，稍微碰到她就會醒，就又要抱起來再哄，有時要反覆好幾回。這樣，晚上10點喝奶，通常要到11點多才睡。半夜喝完奶，又要哄個把小時才行。那一陣子，我們全家都被她弄得疲憊不堪。

這是怎麼回事？是什麼原因呢？最後找出原因是麥兜的腸道消化不太好，出生才幾天時肚臍出血在醫院吊了抗生素，破壞了腸道內的有益菌群；另外，更換奶粉方法不對，沒有逐步更換，而是直接就更換了新的奶粉，導致腸道無法適應，身體的不適讓麥兜的睡眠更不好。

徵求醫生和一些有經驗媽咪的意見，解決辦法是：更換奶粉為不含乳糖的止瀉奶粉，配合吃思密達、媽咪愛，要注意思密達不能與奶同喝，須空腹。思密達沒有什麼副作用，

既能止瀉，又能在腸道壁生成保護膜保護腸道。

所以，當寶寶睡眠不好時，首先應該考慮身體上有什麼不適，排除一些疾病因素，如腸道消化不好、溼疹瘙癢、鼻塞、缺鈣等；飲食上，考慮是不是吃了什麼不消化的食物或添加了一種新的食物？有沒有餓著？睡眠環境舒適嗎？是否開著強燈？是蓋得太多了還是少了？空氣乾燥嗎？……等等。

第二階段：三個月到六個月，根據寶寶的自身規律來安排睡眠。

注意！這個時候是根據寶寶的自身規律來安排睡眠，並不是你已經幫他建立了睡眠習慣。怎麼解釋呢？

在麥兜三個月時，我無意中發現了她的一個睡覺規律，就是吃奶後一個小時要睡覺，這一個小時的時間是準時的，可能與她自身的生理時鐘有關。利用她這個生理時鐘規律，在喝完奶一個小時快到時，把麥兜放到床上，對她唱首歌，然後她就能自己入睡。

要知道，這個時候的寶寶要想建立睡眠習慣還不容易，但是可以建立一種好的睡眠模式，家長要用心，要能觀察到寶寶的日常生活，利用他們自身的生理時鐘來安排睡眠，這

樣的睡眠規律建立得比較容易，寶寶也能接受，不存在強制的意思。

第三階段：七個月起，嘗試建立睡眠習慣。

這個月起，可以嘗試建立起寶寶的睡眠習慣。隨著月齡的增加，寶寶大腦的進一步發育，在原先睡眠規律的基礎上，睡覺時固定時間、固定動作，逐步建立良好的睡眠習慣。比如說，晚上固定在8：30喝奶，排了一次尿後洗洗屁股、洗洗腳、洗洗臉，脫去衣服，穿上尿布，放入睡袋，輕輕拍拍、唱唱，小聲說說兒歌等，大概半小時後寶寶自然入睡。麥兜目前是晚上8：30洗澡，再喝奶，約9點入睡，規律很好，但存在一個問題，就是喝奶後立即入睡不好，這樣容易造成齲齒，喝完再過半小時睡覺比較好，這個還要慢慢調整。

Tips：創建有規律睡眠過程的小竅門

①為寶寶準備柔軟、淺色、棉布或絨質的被褥。

②寶寶蓋的被子應寬鬆，尤其是腳部要輕薄一些，一定不能過厚，否則被子會被蹬得更

快，寶寶反而容易著涼。

③晚餐後一小時或睡前一小時，與寶寶一起進行規律性運動，時間為二十分鐘左右，有提高晚上的睡覺品質和延長晚上連續睡眠時間的作用。規律性運動的內容可以是爬行運動、主被動操、包裹運動等。

④營造晚上睡覺前的固定睡眠模式，建立睡眠條件反射。

模式A：先給寶寶洗臉、洗手、洗腳，記得小便後清洗小屁屁。

模式B：喝母乳或沖泡奶粉兩百毫升左右，之後清潔口腔。

模式C：幫寶寶穿上睡覺的衣服，睡在床上。

模式D：為寶寶講快樂主題的故事，或直接跟他溫柔地講二十分鐘左右的話。

模式E：寶寶快入睡後，換成錄音故事和音樂三十分鐘，伴隨寶寶進入夢鄉。

溫馨提示

①寶寶白天睡眠時，最好不要用音樂或配樂故事伴隨，睡眠規定模式是有意營造晚間睡眠的條件反射，讓寶寶知道「這是晚上，應該多睡一會兒」。

②不要錯過了培養睡眠好習慣的關鍵期。7～12個月是寶寶形成睡眠好習慣的重要時期，你在這時所作的努力，將為寶寶的健康成長加碼。

③避免陪睡、抱睡、拍睡等壞習慣，寶寶睡覺的房間更不要有噪音和刺眼的亮光。

7、寶寶的宵夜

夜間哺乳是擺在許多家長面前的一道難題，在夜間哺乳方面，享受的永遠都是寶寶，辛苦的卻永遠都是媽咪。在寶寶新生的階段，媽咪要二十四小時守候，隨傳隨到，然而隨著時間的推移，寶寶吃奶的次數也在不斷減少，甚至到了接近一歲階段，許多媽咪都會有給寶寶添加輔食、斷奶的打算。但是，餵奶從來都不是說斷就斷，在寶寶長到應該正常安眠一整夜的時候卻還不時在半夜醒來，不僅不利於幫助寶寶建立有規律的睡眠，同時也不利於媽咪的休息，如何正確的對待夜間哺乳，幫助寶寶更好的在夜間睡眠就成為新手媽咪們在這一節中將要學習到的內容。

媽咪A的抱怨：

我是一個職業女性，如今我的寶寶已經一歲多了，我總是喜歡盡量在白天或睡前給寶寶餵奶，但是每到夜晚，我都會被他的哭聲驚醒，讓我感到非常疲憊。我家寶寶那超大的

嗓門，不光會把我從床上喚起，就連寶寶爸爸也同樣會被驚醒。諮詢了一些有經驗的媽咪，許多人都告訴我，一歲多的寶寶應該差不多也到了斷奶的階段，可是我家寶寶每天晚上還是會醒來四、五次要求吃奶。我們全家人的睡眠被徹底破壞了，什麼時候他才能有一整夜完整的睡眠？有能夠讓他不哭就在夜間斷奶的方法嗎？

媽咪B的抱怨：

我的寶寶已經快一歲了，在夜晚睡眠時，我總是喜歡把哺乳當成促進他睡眠的關鍵方法，每當寶寶在夜裡哭著要奶喝的時候，我總會毅然的起身滿足他的須求。眼看斷奶的年齡到了，寶寶對母乳和睡眠之間的依賴關係反而越來越嚴重了。除此之外，還有奶粉品質問題，是我無法安心放棄母乳去給他吃那些亂

七八糟的東西來幫助他在夜間睡眠。

專家解析：為什麼夜間哺乳會持續？

寶寶把吃母乳與睡眠聯繫在一起，是最複雜且最難解決的問題之一，接下來要作的第一件事情就是瞭解造成這種現象的原因，透過現象看本質，在學習到造成這種現象的原因後，你可以根據一些相關的解決辦法制訂適合你家寶寶獨特的解決方案。

1、母乳的力量。在給寶寶餵奶時，媽咪的體內會分泌出一種「育兒」激素（也就是所謂的「愛的激素」或稱之為泌乳素和後葉催產素），妳將從這種激素的分泌中收益，這些激素不僅刺激妳的母性本能，還進一步幫助妳放鬆，同時它也伴隨著乳汁進入寶寶體內，讓寶寶和妳一樣放鬆，這種強大的物質幫助媽咪和寶寶進入夢鄉，一旦形成習慣便難以戒掉。在由頻繁的夜間哺乳向整夜睡覺的轉變階段，新手媽咪將面臨最大的

挑戰，在這一階段改變須要承諾、努力和時間，在創建了新的、不以哺乳、睡眠聯繫為基礎的入睡過程後，你會發現就算失去這種聯繫，妳和寶寶依然還是能甜甜美美入夢鄉。

2、**乳房是寶寶最喜歡的東西**。我們都知道寶寶擁有自己最喜愛的東西十分重要，在學術上將寶寶喜歡的東西稱之為替代物品，這一種寶寶可以從中獲得安慰的物品，一種讓他在這個快速變化的世界中覺得可靠的東西，在很多吃母乳的寶寶看來媽咪的乳房就是他們最喜歡的東西，因此他們也會格外的依戀媽咪的乳房，這種依戀也會使得寶寶在夜間醒來，只有再次接觸到媽咪的乳房，他們才能安穩進入夢鄉。

3、**媽咪的慣性**。所謂的慣性，在某些時候也會變成可怕的力量，有些媽咪從寶寶出生開始一直使用母乳作為關鍵步驟來幫助寶寶入睡，這樣的方法既簡單又實用，想要試圖對其進行改變，對媽咪和寶寶而言都像學習一門新語言那樣困難。若想將母乳餵養從整個入睡過程中除去，媽咪須要作出有意識的改變，幫助寶寶學會不用哺乳也能入睡的本領。養成新的習慣並不須要太長的時間，經由合理的計畫，堅持執行到底，改變很快就能看得見。

4、**害怕哺乳期的結束**。這個理由聽起來似乎有些荒謬，但這卻是實實在在很多媽咪心中都會有的感覺，害怕哺乳期的結束，害怕寶寶這麼快的就不依戀自己，因此，遲遲不肯戒斷夜間餵奶。或許妳是一位有著強烈獻身精神的媽咪，妳愛自己的寶寶勝過愛自己，但是在這種無私的愛中，必須考慮到寶寶成長的須要，因此，妳必須作出明智的選擇，創建一些必要的限制，作出一些必須的糾正。

專家妙招：解決的功略

有一百個家庭就有著一百個不同的寶寶，針對不同的寶寶，解決的辦法也不盡相同，下面列舉了多種不同的方法供媽咪選擇和參考：

溫和戒斷計畫

為了去除寶寶吸吮乳頭與睡眠之間的聯繫，妳必須把夜間甦醒變得複雜，這個階段要持續一週到一個月的時間，度過這一階段，寶寶原有的反射將逐漸減弱。經歷這一階段的

代價是必須犧牲妳的睡眠作為前提，為長遠考慮，媽咪的這點犧牲是絕對值得的。

首先要創建一種表達「已經幫你餵過奶」的方式（可以是一個詞語，也可以是一個手勢行為，但是以詞語為佳，這樣也可以順便幫助培養寶寶的語言能力）。媽咪在白天餵奶結束的時候，可以使用一個詞語表達「已經給你餵過奶」之意，哺乳結束，重複這個詞語兩、三次，根據妳自己的喜好和寶寶的年齡選擇一個合適的詞，比如「吃飽了喔、吃飽了喔」讓這個詞語逐漸成為結束哺乳的暗示，當寶寶在夜間甦醒，希望你給他餵奶的時候，可以像平時一樣哺乳，這時候妳須要在心裡告訴自己，他醒來要求吃奶不一定是因為他餓，而是因為他須要安慰，並且在寶寶心中認定哺乳是入睡前理所當然的事，這個時候，妳可以給寶寶餵奶，但是不能允許他吃奶入睡，並且吃奶的時間不宜過長，只允許他吃幾分鐘，在他的吸吮變得緩慢並且開始放鬆、昏昏欲睡的時候停止哺乳。

其次，確定寶寶已經「吃完了」（當他不再主動吸吮、吞嚥，而只是靜靜地含著乳頭），抱起寶寶，讓他離開妳的乳房，這時再使用前面提到的結束語，一般情況下特別是剛開始的時候，寶寶有可能會因此感到困惑並希望再次得到妳的哺乳。這時，妳可以試著將乳房從寶寶的身邊移開，用手指托起他的下巴，幫助他把嘴閉上，也可以在他的下唇施壓或者輕拍，同時輕輕地用言語讓寶寶知道「現在該睡覺了」。如果他開始掙扎、焦慮拒絕入睡，妳可以一再重複以上過程直到他最終入睡為止。

一般情況下當妳如此作10～30秒就有可能見效，但是由於寶寶的年紀和具體情況不同，在具體的環境和情境下，也須要聰明的媽咪們作出適當的調整。總之，讓寶寶接受斷奶並消除對乳頭的依戀，逐漸感覺舒適並開始能夠不含乳頭入睡，在這個時候，妳的計畫就真正的開始產生作用了。每天都重複這個溫和戒斷計畫，直到寶寶能夠脫離夜間哺乳入睡。

就寢過程的調整

一般而言，寶寶在睡眠時間的入睡方式會影響到他在夜間甦醒時的情況，這是因為在寶寶身上也存在這睡眠的聯繫，寶寶們總是希望在夜間醒來時周圍的一切與入睡時完全相同，經由創建一個新的入睡習慣，也可以達到在寶寶須要夜間哺乳時，戒斷「宵夜」的習慣。在這個新建立的習慣中，媽咪可以不用出現，但是須要新手媽咪們注意的是，新的習慣並不意味著可以預防寶寶夜間甦醒，媽咪們要明白要解決的問題是，當寶寶須要夜間哺

乳的時候改變他的習慣，使他在此種情況下醒來時能夠再次輕鬆的睡著。那些習慣在第一次入睡時含著媽媽乳頭的寶寶要注意改變他的習慣，作為媽咪妳可以嘗試選擇一些寶寶喜歡並且能讓他放鬆的東西來結束整個過程。

時間的限制

許多媽咪的作法都是在整個晚上隨叫隨到，如果妳是這種類型的媽咪，不要試圖在一開始就全部中斷所有的母乳餵養，「乳房睡眠時間」的設置將會有效的幫助妳改變這一問題。須要作到的是，讓寶寶知道在就寢時間內，作為大人的妳也是須要休息的，如果醒來得太過頻繁，妳的休息將會得到極大的損害，要讓寶寶意識到媽咪並不是女超人，媽咪也是須要休息的。要利用此方法，首先要仔細觀察寶寶夜間甦醒的形式，在綜合考慮自己的睡眠須要，設定一段時間，在此期間拒絕寶寶的吃奶要求，再這段時間中，如果寶寶中途醒來要求哺乳，妳就可以讓他知道現在是妳的休息時間，同時他也必須糾正自己的習慣。把他抱起來輕輕拍幾下，都是非常有效的辦法。

當妳最初這樣作的時候，一定是非常困難的，但是妳務必要堅持下去，用不了幾天寶寶就會糾正自己的習慣，最終實現了妳的目的。

光線巧妙用

這種方法與前面提到的設定時間限制有異曲同工之妙，都是讓寶寶明確的知道什麼時候媽咪會餵奶，什麼時候媽咪會拒絕他的要求。對一歲左右的寶寶而言，最容易理解和接受的暗示，就是明亮與黑暗。首先必須保持寶寶夜間睡眠的房間是被遮蔽的，走廊中的光線也不會進入寶寶的房間（當然某些寶寶比較喜歡房間裡有一點的光芒，保留一點小夜燈的光芒也是允許的）。在就寢時間內，妳要逐漸讓寶寶意識到，明亮的時間就是他可以吃奶的時間，黑暗的時間就是他的休息時間。當他在夜間醒來的時候，妳可以抱著他搖一搖，按摩他的後背（參見幫助睡眠的按摩），用妳的臉頰貼著他的臉，或給他一個奶嘴轉移他的注意力。要注意當妳作以上這些安撫動作時，一定不能使用與哺乳時相似的姿勢，同時也要避免坐在妳經常給寶寶餵奶的椅子上。如果給寶寶提供一些哺乳的「替代物」將會更有效。堅持利用光線的變化調節寶寶吃奶的習慣，長此以往，也能最終實現妳制訂的計畫。

乾坤大挪移

大多數情況下，夜間餵奶都是在一個固定的地點進行的（床上），這些習慣逐漸的被貫徹到寶寶的就寢過程當中，經過幾個月的反覆發生，寶寶會認為這種地點（床）與行為（哺乳）以及睡眠之間存在著密切的關聯，憑他們小小的腦袋，完全沒有辦法弄清楚這本應分開的三種行為之間的關係，他們會在心裡認為，發生了第一件就有第二件，發生了第二件就有第三件。

但是如果將睡前哺乳的地點改到一個與睡眠完全無關的地方，也會緩解寶寶夜間哺乳的須要。將夜間哺乳改在一個不同於寶寶睡眠時的新的舒適的地點，讓寶寶理解今後妳將在這裡給他餵奶，在最初的幾個晚上地點的改變肯定會給妳帶來額外的負擔，同時也會在寶寶身

上感受到巨大的阻力，但是一定不能中途放棄計畫回到臥室去哺乳，在一開始的階段，轉換地點餵奶的時間可以很短，而接下來的時間將會延長到寶寶昏昏欲睡再抱回床上（在這階段中可以伴隨相對的安撫動作）。

差不多一個月之後，相信妳一定會看見改變，最後讓寶寶不再在夜間醒來依賴哺乳再次入睡。

8、寶寶睡姿的祕密

新手媽咪的抱怨：

我家的寶寶，乖是挺乖的，可是不知道為什麼，就是睡覺的時候老是愛趴著，我總覺得仰面睡覺的姿勢才是正確的，每當他趴過去時，我就會擔心這個姿勢是不是會影響他的呼吸，讓他睡得不好，於是經常把他轉過來。

可是這樣作又會讓寶寶察覺到變化，從睡夢中醒來，影響休息。到底什麼樣的睡姿對寶寶的睡眠和成長發育最為有利呢？

專家解析：

睡姿不僅關係到寶寶是否能睡出一個漂亮的頭型，還影響著寶寶的睡眠安全。

＊仰睡小青蛙

頭型漂亮程度：★　安全指數：★★★　香甜指數：★★★★

寶寶仰睡的時候，兩個小拳頭經常會向上舉著，就像一隻肚皮朝天的小青蛙。這種可愛姿勢可以使寶寶全身肌肉放鬆，自然而又健康。

仰睡優點	仰睡缺點
1、身心放鬆。無壓迫感，自然放鬆，會感到比較舒服。 2、高安全性。寶寶的口鼻不會被棉被等外物遮掩而導致窒息，安全性較高。 3、減少壓迫。不會對寶寶的心、肺、胃腸和膀胱等全身各臟腑器官造成壓迫。 4、便於照顧。父母可以一目瞭然地看到寶寶的睡眠狀態，隨時給予呵護。	1、影響頭型。長期仰睡，頭型容易睡扁，可能波及臉型。 2、缺少安全感。仰睡時，因為沒有任何束縛，寶寶也會感覺沒有依靠，缺少安全感。 3、阻礙呼吸。仰睡使寶寶身心放鬆，可能會使已經放鬆的舌根後墜，有阻塞呼吸道的顧慮。

溫馨提示：

仰睡也不全然沒有危險。有些新生兒仰睡，會使得已放鬆的舌根後墜，進而阻塞呼吸道，出現呼吸費力的現象。另外，新生兒的胃都是水平的，喝奶時寶寶常會吸入一部分空

氣，胃部空氣要排出來，往往會溢奶。仰臥的寶寶發生溢奶現象很危險，嘔吐物很可能回嗆阻塞呼吸道，甚至吸入肺部。所以每次給寶寶喝完奶，應該輕輕拍打寶寶的背部，幫助他排出胃部空氣。然後可讓寶寶趴在大人肩上小睡一會兒，促進奶水更快進入小腸，減少胃食道逆流造成嘔吐。

＊俯臥趴趴熊

頭型漂亮程度：★★★★★　安全指數：★★

香甜指數：★★★★

寶寶趴睡的時候，握著拳頭的小手舉起在頭兩側，頭偏向一邊，那模樣儼然是一隻熟睡的趴趴熊，俯臥睡眠的寶寶通常會有一個圓鼓鼓的後腦勺。

俯臥優點	俯臥缺點
1、富有安全感。胎兒在子宮裡就是腹面、部朝內，背部朝外的姿勢，這種姿勢是與生俱來的自我保護。 2、減少嘔吐。趴睡時，胃溶物不宜留在食道及口中而引起嘔吐，會蠕動到小腸，有利於消化吸收。 3、身體發育。俯臥可幫助寶寶練習抬頭挺胸，增強頸、胸、背部及四肢等大肌肉群，有利於翻身和爬行的訓練。	1、容易窒息。寶寶的頭部很大，頸部力量相對不足，在翻轉不即時的情況下，口鼻易被枕頭、毛巾堵住。引起窒息，危及生命。 2、不易散熱。腹部緊貼床鋪，容易引起體溫升高，汗液不能即時散發，容易引起溼疹。 3、難以觀察。趴睡讓父母不太容易直接看到寶寶的睡眠狀況，不利於即時照顧。

溫馨提示：

●不適合趴睡的寶寶：患先天性心臟病、先天性喘鳴、肺炎、感冒咳嗽時痰多、腦性麻痺的寶寶，以及某些病態腹脹的寶寶，例如患先天肥大性幽門狹窄、十二指腸阻塞、先天

性巨結腸症、胎便阻塞、壞死性腸炎、腸套疊和其他如腹水、血液腫瘤、腎臟疾病及腹部腫塊等疾病的寶寶，不適合趴睡。

● 適合趴睡的寶寶：患胃食道逆流、阻塞性呼吸道異常、斜頸等的寶寶，可以嘗試趴睡，以幫助緩解病情。下巴小、舌頭大、嘔吐情形嚴重的小孩，必須趴睡。另一種狀況要特別注意，幼兒有痰時，常常會嘔吐，一旦有嘔吐，要讓幼兒趴下，使食物流出，才可再躺下，否則容易引起窒息。

● 採用趴睡姿勢時的環境：一般認為，嬰兒在兩、三個月時頭部的控制還不是很好。若頭部的周圍有柔軟的東西（例如棉被、枕頭、玩具等）遮住或壓住鼻孔，嬰兒容易因為沒有能力抬高頭頸部轉個方向換氣，因而讓被褥堵塞口鼻引起窒息。所以床鋪不能過軟，周圍也不可以放置任何毛巾或玩具，更不可以用所謂的嬰兒專用枕頭（即中央凹陷狀似甜甜圈的枕頭）讓嬰兒趴睡，以免發生意外。

＊側睡小貓咪

頭型漂亮程度：★★★★

安全指數：★★★★★　香甜指數：★★★★

　　側睡時的寶寶就像一隻熟睡的小花貓，小手隨意地伸在體側。愜意而又舒適。側睡又分左側睡及右側睡，是目前專家建議父母給寶寶實行的首選睡眠姿勢。

側睡優點	側睡缺點
1、避免窒息。萬一發生嘔吐，右側臥可使口腔內的嘔吐物從嘴角流出，不會流入咽喉，引起嗆咳、窒息。 2、停止打呼。如果寶寶有打鼾的現象，可以試著把他的身體側過來，打呼就可以停止了，呼吸也會更順暢。	影響耳型。長時間側臥，會使寶寶的耳部輪廓經常受壓，可能導致變形。

溫馨提示：

若發現寶寶經常往一邊側睡，父母要不時輔助更換到另外一側，否則很容易睡偏頭。

許多醫生都提倡寶寶側睡。對消化道未健全、吃奶後容易溢奶的嬰兒來說，側睡可以有效避免溢出的嘔吐物進入呼吸道引起窒息。側睡時脊柱略微彎曲，肩膀前傾，兩腿彎曲，雙臂自由放置，全身肌肉處於鬆弛狀態，血液循環暢通，嬰兒睡得安穩。

向右側臥比向左側臥更佳，因為左側臥心臟受到一定程度的壓迫，常會自我感覺到心跳，難以入睡。右側臥不但不會壓迫心臟，位於右上腹部的肝臟也能得到較多的血液，幫助嬰兒胃中的食物向十二指腸運送，使消化功能得到充分發揮。

不過側睡也要注意嬰兒的枕頭不可太柔軟，以免頭部陷入枕頭，堵塞鼻子。另外，長期朝同一個方向側睡，可能會使頭部及臉部左右形狀產生大小不對稱。

Tips：

歐美國家及澳洲的學者研究指出，趴睡的嬰兒發生「嬰兒猝死症」的機會，要比仰睡的高出3.5～5倍。

嬰兒猝死症指的是嬰兒突然且無法預期的死亡，多發生在寶寶睡覺時，且以2～4個月大的小孩最容易發生嬰兒猝死症。氣溫太高或天氣冷時，孩子裹著厚重的棉被也易造成嬰兒猝死。

不過，趴睡雖可能與嬰兒猝死症候群有關聯，卻不是絕對的因素。

到底哪種睡姿最好，醫學界目前沒有提出唯一的標準答案。寶寶的睡姿可自行選擇，不必固守於某一種，可視父母的喜好和寶寶的習慣或特殊須求來決定。不過請記住，寶寶睡覺時一定要有大人在旁看護，才能確保寶寶的安全。

CH3

良好睡眠的奏眠曲

有時候，看著寶寶不由得就會想到氣球，或許這個比喻不是很恰當，可是事實就是如此。每一天他都在飛速地成長著，前一天晚上還那樣和諧安靜的睡在你的身邊，早上起床的時候，發現他又變大了一點點。上個月的體重還是七公斤這個月卻已經快突破十公斤了。一到兩歲的寶寶們，開始了一段奇妙的生命歷程，在這一階段，吃與睡不再佔據他生命的全部，新的技能和探索世界的能力讓他變得越來越好奇。面對這些好奇的寶寶們，新手爸媽要怎樣調整計畫，使得他們更好的安睡呢？正所謂「世上無難事，只怕有心人」，新手爸媽們要保持自已平和的心態，憑藉毅力和決心、耐心，就一定能讓好奇寶寶們成為真正的會睡寶寶。

第一節 1~2歲寶寶睡眠特徵篇

一、有趣的新技能

寶寶在肢體大動作方面經歷了「獨立站立→獨立行走→跑步→長距離走路→跳躍」等五個基本階段，精細動作則經歷了「可將小東西放入罐中→會用夾子→會敲打玩具→會用湯匙」等四個基本階段，無論是運動、語言還是視覺，寶寶在這一階段都出現了令人驚奇的發展，當他們試圖不斷練習使用這些新技能的時候，也對他們的睡眠產生了嚴重的影響，如何解決因此帶來的問題，就是這一階段爸媽應該關注的重點。

2、像小老鼠一樣

磨牙是1～2歲的寶寶身上容易出現的另一個特徵，寶寶在睡眠中有時會無意識地磨牙，這種現象通常發生在飽餐或過度興奮之後的入睡。飽餐之後，腸胃道內積存著大量未被消化的食物，這使孩子在入睡之後，其整個消化系統仍在不停地工作，使得體內消化、吸收的連續活動仍然帶動孩子的咀嚼肌肉，於是產生入睡後的磨牙。另外，孩子在過於興奮後的睡夢中，也會出現磨牙現象。

還有，寄生蟲病和佝僂病也是造成磨牙的主因之一。一旦你的寶寶的出現夜間磨牙現象，爸媽不得不提高警覺。

3、打呼的寶貝

打呼也是這一階段的寶寶身上容易觀察到的睡眠的特徵。肥胖的寶寶，睡覺時最容易打呼，因為肥胖兒的咽腔部相對狹小，呼吸時氣流通過的通道很窄，受氣流的震動，就會形成「呼嚕呼嚕」的聲音，影響呼吸及睡眠。更多的原因是增殖體肥大。在兒童鼻咽部的後壁及頂部有一淋巴組織稱為咽扁桃體，一般隨著年齡增長會逐漸萎縮，到了成人則完全消失，在兒童時期如呼吸道多次感染，就會導致增殖體肥大。

肥大的增殖體可大如胡桃，妨礙鼻腔空氣流通，阻止鼻咽部的分泌物排出，堵塞咽鼓管口，影響中耳的通氣。當然，寶寶並不是總在打呼的，如果你家寶寶在某一段時間的睡眠中存在打呼現象，請務必小心一點，在此種情況下，他通常是生病了，可能是鼻阻塞引發了打呼。

4、睡眠時間大縮水

不同年齡階段，寶寶的睡眠時間不盡相同。隨著年齡的增長，二十四小時內，寶寶總的睡眠時間逐漸縮短。1～2歲，寶寶的睡眠時間逐步減少到12～14小時，淺眠時間則佔了睡眠總時間的20％～25％，而新學會的技能又使寶寶在清醒的時間裡顯得無比活躍，精神和體力的消耗都會比一歲前有著顯著的增加，還記得我們在第一章裡要求制訂的睡眠卡和睡眠計畫嗎？調整的時候到了，隨著寶寶睡眠時間的改變，新手爸媽也要第一時間作出反應，跟隨寶寶的變化而變化。

第二節 1～2歲寶寶睡眠訣竅篇

一、奇妙的生理時鐘

如同我們利用鐘錶來掌握時間一樣，在人類的身體中也存在著一個奇妙的鐘，就是生理時鐘。對寶寶而言，生理時鐘顯得尤其重要。寶寶的生理時鐘設定了他們睡眠和清醒的時間，如果能夠準確地發揮作用，那麼他就能非常自然地在該睡覺的時間睡覺，該清醒的時間清醒，生活節奏相對固定，睡眠相對穩定。

如果寶寶沒有準確的生理時鐘，那麼寶寶的清醒時間和睡眠時間將無法與自身規律一致，寶寶就容易白天喜怒無常或產生其他身體或情緒的問題，而這一切的問題都與睡眠息息相關。在這一節中，新手爸媽將要學到的新知識就與寶寶的生理時鐘密切相關。

新手媽咪的心願：

我家的寶寶已經快一歲多了，但是新手媽咪的我好像還是沒有掌握照顧寶寶的訣竅，如今，為了照顧寶寶我已經完全放棄了我的工作，總是擔心他餓著，也總是擔心他睡不好，抱著這樣的心情，我時時刻刻都想和寶寶待在一起，當他餓了的時候就讓他吃得飽飽，當他想睡覺的時候就能讓他睡得飽飽，當他突然甦醒的時候我也能在第一時間幫助緩解他緊張的情緒，讓他有一個最舒適的生活。可是，隨著時間的推移，問題也慢慢地出現了。我發現寶寶完全不能脫離我，而我的全部生活也就只能圍繞著寶寶打轉。姐妹們的聚會？NO！上街去血拼？那是在夢裡才能發生的事情！跟寶寶爸爸一起度過兩人世界？天，這件事情在我看來就是上上個世紀才會有的活動。總之，我覺得我現在的生活開始陷入了混亂中，我家的寶寶吃得飽飽、睡得好好依然是我最大的心願，但是我也想要一點空間有自己的生活，可是，我卻不知道怎麼辦才好……怎樣才能脫離這一片混亂呢？

專家解析：

所謂的生理時鐘指的是能夠在生命體內控制時間、空間發生發展的質和量。生理時鐘有四點功能：提示時間、提示事件、維持狀態和禁止功能。提示時間是指你在一定的時間必須作某事，到了這個時間，你就自動會想起這件事來，比如你想明天早上六點起床，到時你會自動起來。而提示事件：是指當你遇到某事時，生理時鐘可以自動提示另外一個事件的出現。比如有人拜託你將一件東西給甲，當你遇到甲時，生理時鐘這一功能就會自動起作用，使你立刻想到這個託付的東西來。第三個功能維持狀態是指人們在作某一事時，能夠使人一直作下去的力量。第四個功能是禁止，則是指機體某個功能或行為可以被生理

時鐘終止。比如說看到一個恐怖的事件（如地震），無論你正在作什麼，都有可能反射性逃跑，這種逃跑就是對前面所作事物的終止。如果沒有這種作用，一個人就會出現永不停頓的作事，比如睡覺，如果沒有這種終止，這個人就會長期睡下去，成為植物人。植物人發生的原因可能與此功能的失控有關。在完善寶寶睡眠的過程中，生理時鐘的提醒時間功能起到了很大的作用。根據專家的研究，人類的生理時鐘週期為二十五個小時，這與我們所度過的每一天的時間並不一致，因此要保證寶寶的睡眠，每一天我們都要面臨寶寶的調整。在調整過程中要解決的一個關鍵性問題就是必須確定就寢時間和起床時間。

*為什麼須要找到合適的就寢時間？

伴隨著寶寶的成長，就寢時間也是不斷變化，一旦寶寶過了嬰兒期，他們的睡眠時間會驟然減少，但是他們的自然就寢時間還是比成人早得多，現有的研究顯示，大多數嬰幼兒的最佳就寢時間是在晚上的6：30～7：30之間，這段時間寶寶的血壓、心率，以及皮質醇的釋放量，都有利於寶寶獲得最佳的睡眠狀態，有過育兒經驗的媽媽可以明顯感受到的一個事實是，一些睡得很晚的寶寶往往更容易在夜間或清晨醒來，如果我們把寶寶的生理時鐘撥到最有利於他睡覺的時間，結果寶寶會睡得更好、更香。

總是會有那麼一些精力充沛的寶寶，每天晚上都會玩到很晚，但是身為父母的你務必要在頭上敲一下警鐘。你認為那個晚上玩到九、十點的寶寶是精力充沛的，其實並不然，寶寶有時候也並不總是表現出他最真實的自己。

真實的情況是，有可能早在幾個小時之前他就有想要睡覺的打算，只是某些事情吸引了他的注意，讓他持續自己的玩樂行為。這個時候他有可能已經處於過度疲勞狀態——經常表現出緊張和機能亢進（試想一下成人也常常會有這樣，當你勞累到一定的階段時，反而不會再有勞累的感覺，可是一旦你找到機會休息下來，疲累的感覺將會顯得格外的嚴重），對身心發展皆不成熟的寶寶而言，一旦發生這種情況後果將更為嚴重，如果在寶寶須要睡眠的時間仍然沒有睡覺，他將會變得脾氣暴躁，很難再入睡，失眠並且過早醒來的問題一直持續，如果不採取一定的方法解決，惡性循環將繼續下去，從睡眠開始，影響寶寶生理和心裡的成長。因此必須找到寶寶的生理性睡眠時間，讓生理性睡眠時間與就寢時

間相匹配，這樣才能讓寶寶獲得更好、更優質的睡眠。

＊寶寶真的睡太晚了嗎？

雖然六點半到七點半是理論上寶寶的最佳就寢時間，但是不同的寶寶也有著具體的不同情況，而且伴隨寶寶年齡的增長，理論上的最佳就寢時間也不總是有用。所以，就須要我們的新手爸媽根據相關的知識來判斷寶寶是否睡得太晚，進而幫助寶寶矯正自己的行為。要想作出合理的判斷，你可以參考以下方式：

你須要仔細觀察寶寶認真回答以下三個問題：

①寶寶在睡前的幾個小時中，總是快樂而且放鬆的嗎？

②在你進行睡前模式的過程中，他的情緒是穩定、愉快的嗎？

③寶寶很快就進入夢鄉？

如果你的回答全是肯定的，那麼恭喜你，即使你家寶寶習慣在每天晚上十點就寢也不會有太大問題，因為他總是在合適時間開始自己的夜間睡眠過程。另一方面如果你在寶寶身上觀察到如下行為，則說明有可能你家寶寶沒有找到合適的就寢時間：

①寶寶每天晚上習慣性的煩躁、不高興。

②寶寶每天晚上總是很有活力，很難為睡覺平靜下來。

③雖然你也覺得時間很晚，寶寶已經很疲倦，但是他卻拒絕上床睡覺。

④當你開車載著他時，他很容易睡著。

⑤晚上表示疲勞的習慣性動作增加，例如吮吸拇指、抱著毯子、要媽媽抱或要求哺乳等。

⑥寶寶的就寢過程經常無法繼續，被寶寶的強烈哭聲打斷。

⑦起床時間必須靠父母的幫助，如果父母不叫醒寶寶，那麼他將一直睡下去。

當上面所提到的這些現象在你家寶寶的身上有所體現的話，那麼身為父母的你就該警覺了，是時候想辦法調節寶寶的生理時鐘，保證寶寶睡眠了。

*找到合適就寢時間的妙方

有三種辦法可以幫助你找到寶寶的最佳就寢時間：

①每隔兩至三個晚上，將孩子目前的就寢時間提前15～30分鐘。經過一段時間的觀察和記錄，您可以對效果進行評估，瞭解就寢過程的改善，入睡是否容易了，夜間睡眠是否更加安穩，早上醒來時的情緒是否有所好轉。

②如果孩子須要在早上的固定時間被喚醒（還記得我們第一章提出的睡眠時刻參照表嗎？你可以拿出來看一看），弄清寶寶究竟須要多長時間的睡眠，然後根據他早上起床的時間制訂就寢時間。牢記就寢時間要以睡眠時間為基礎，因此您要提前一小時進入睡前過程，進而保證真正的睡眠時間。寶寶的睡眠時間可能與表格中顯示的時間有一定的出入，所以在剛剛開始的時候最好稍長於規定時間，這是個簡單實用的好方法。在使用新的就寢時間一週左右，你可以根據孩子白天的情緒以及活動安排，對睡眠時間進行更加精細的調整。

③第三種方法是從晚上大約6：30開始密切觀察寶寶，在他表現出疲勞時，立即讓他上床

睡覺。經過大約一週，您可以找到這一時間規律。您可以經由觀察寶寶的行為確定最佳睡眠時間，隨後提前一小時左右開始睡前過程。

其實就是這麼簡單！你要作的就是觀察、觀察再觀察，細緻地觀察加上科學的方法，找到屬於你家寶寶的正確就寢時間，你就成功了一半了。當然，到了這裡還沒有結束，你還須要作另外一件事，那就是在正確的時間明確地讓寶寶知道「現在，該是你睡覺的時間了」。身心都不成熟的寶寶可能是不會自覺主動地意識到疲勞了、他應該睡覺了，這時候，父母就要承擔起寶寶睡眠守護者的角色了，你可以溫柔地中斷寶寶的嬉戲，用一些固定的話語或者動作讓寶寶明確的讀懂，「現在，睡覺的時間到了」。

*設置生理時鐘的小技巧：控制寶寶的睏倦

除了掌握夜晚的合適睡眠時間，還有許多的方法可以幫助新手爸媽們合理設置寶寶的生理時鐘。雖然有很多條路可以讓我們達到最終的目的，但是在這裡，至少是在這本書裡，你總是能學會去走那條最近的路。對設置寶寶的生理時鐘而言，最關鍵的問題就是你必須使寶寶真正疲勞地躺在床上，然後進入夢鄉。因此，現在，你唯一要學的事情就是想辦法控制寶寶的睏倦。

大腦中存在一些程序調節著人類的清醒和睏倦，其中第一個影響因素是：人的清醒時間。如果一個寶寶清醒了足夠長的時間，他就會感覺到疲勞，這也是為什麼一個較長、較晚的午睡會破壞晚上早睡的計畫。第二個影響因素是光線，明亮的光線會給寶寶帶來刺激和能量，而黑暗則會使寶寶感到放鬆和疲倦。讓寶寶在第一時間感受到清晨明亮的光線或是夜間的燈光來調整寶寶睡眠的時間，都是不錯的選擇。

溫馨提示：

1、堅持，堅持，再堅持。設定寶寶的生理時鐘是一個艱苦的過程，在這個過程中須要你長期的堅持，還記得我們在第一章提到的睡眠計畫嗎？你必須嚴格的按照這個計畫執行，在困難的時候告訴自己必須堅持堅持再堅持，相信勝利一定離你不遠了。

2、一個好的時間表。好的時間表除了要符合寶寶的要求外，大人的須求也同樣重要，最好的時間表就是找到一個適合你生活須要的作息，如果寶寶的休息能夠與你的作息更好的融合，在他得到更好的休息時，身為父母的你同樣也能得到很好的休息。或許，等你的寶寶再大一點的時候，媽咪就可以重新殺回職場了。

3、慎用燈光。光線的明暗可以幫助我們加強寶寶的睡眠，同樣地，一些突如其來的燈光也會影響到寶寶的休息。或許你會想要試圖用相機在室內拍下寶寶熟睡的畫面，又或者寶寶一不小心在有電話的房間中睡著了。這時候，你要作的是，拍照時不要讓閃光燈亮起，拔掉房間裡的電話，讓寶寶更好的休息。

2、翻身與踢被大作戰

我翻我翻我翻翻翻，我踢我踢我踢踢踢，這個口號看起來有點像少林寺的武術學習現場，但是你錯了，這就是那些活潑好動的寶寶的口號。一歲多的寶寶們，學會的新技能越

來越多，身體也開始變得越發健壯，往日的柔弱現象早已一去不復返，即使是在睡眠中，他們仍然可以練習自己學會的新功夫。寶寶們熱愛學習是好的，可是太過用功卻會帶來麻煩的，小被子咕嚕嚕就從寶寶的身上溜走了，這時候寶寶就恢復了他們柔弱的本質，在瑟瑟的空氣中，寶寶一不小心，各種疾病就趁虛而入了……

媽咪A的抱怨：

寶寶一歲多了，學會了很多新的運動技能，身體發育也很好，身為人母我也覺得非常開心，可是剛高興幾天，新的麻煩又來了。他的小手臂小腿變得有勁了之後，便愛上了踢被子，剛給他蓋好，又被踢開了。為了避免踢被子感冒，我和寶寶爸爸還特意去買了床睡袋，可是晚上給他套進去，他照踢不誤。我十分担心他著涼生病。到底怎樣才能解決這個問題呢？

媽咪B的抱怨：

寶寶從會翻身起，就代表他向成長又往前邁進一大步！在5～6個月大時，我家的寶寶就開始翻身，且用雙手自行撐坐約數十秒，並能將東西由一手換至另一手喔！寶寶學會新技能，總是一件那麼讓我高興的事情。可是後來我才知道我高興得太早了，我家這寶寶，不光在他清醒的時候努力的翻來翻去，更要命的是，一旦他進入睡夢中也依然會執著地翻來翻去，翻著翻著，這小被子不知道為什麼就掉了，於是我也睡不著了，只得夜晚醒來無數次，擔心寶寶又踢了被子，而自己的睡眠卻嚴重不足，唉，真是折磨人的問題啊！

專家解析：

寶寶踢被子，看起來似乎很細小的問題，卻總是給爸媽們帶來無盡的麻煩。除了上面的兩個媽媽所抱怨的問題，寶寶踢被子的原因還有很多，有可能因為睡前蓋得太厚，寶寶感覺熱了就會踢被子。也有可能是睡前喝太多水、有尿，或是睡前特別興奮，導致他們翻來覆去睡不熟，亂踢被子。此外，一些疾病，如佝僂病的活動期，也會出現踢被子的情況。所以，父母要分析寶寶踢被的真正原因，才能對症下藥。

比如及時為寶寶檢查身體，避免缺鈣的情況發生；可讀讀書、講講故事，睡前進行安靜些的活動；少飲水、少吃含水分多的水果，如西瓜等。爸媽可以認真地閱讀本節，參照這一節中列舉的一些解決方法和注意事項。

情境再現

「那個玩具好可愛喔！我要翻過去搶……」

寶寶在夢中也在玩啊！所以一翻身被子就踢開了。

寶寶踢被子的原因可能就是白天玩得太瘋、太累了，或是睡前玩過於興奮和激烈的遊戲，入睡後大腦皮層的興奮狀態還沒有消失，於是睡覺時容易作夢，容易翻身，導致踢被子。

應對小招術：

睡覺前讓寶寶安靜下來，不要和寶寶玩容易使他興奮的遊戲，也不要在這時候批評寶寶，可以適當給寶寶聽一些輕柔的睡前音樂，或是講一些情節簡單的故事，讓寶寶在安寧的環境裡入眠，提高睡眠品質。

情境再現

「我好熱，手怎麼被裹住了，我不喜歡被子，它好重，還太熱了，我踢……」

這就是寶寶踢被子另一個原因，也是最主要的原因：被子把寶寶裹得太緊了，蓋得太暖了。於是，好動的寶寶動彈不了，又感覺熱，當然就踢被子啦！

應對小招術：

根據季節變換被子的厚薄，選擇柔軟而保暖性好的被子，天氣不是很冷，不要把寶寶裹得太緊，可以將手腳露在被子外面。保持室內空氣流通。當寶寶的睡眠環境舒適時，他一定會好好睡上一大覺，自然就不想踢了！

※三妙招，踢被問題輕鬆搞定！

情境再現中使用到的方法，須要媽媽們花一定的時間去琢磨和累積經驗，可是心急的媽媽卻希望還有另外的方法可以起到事半功倍的效果。隨著時代的發展，對付寶寶的踢被問題也被分為了傳統與流行等三個派別，有的媽媽力挺傳統派，相信多年累積下來的經驗不會錯，而有的媽媽卻認為現代科學的產品一定會更有效，還有另外一些媽媽，既不完全參照傳統，也不完全利用現代的工具，利用自己現有的工具條件來解決寶寶的踢被問題。三種方法互有優劣，下面從三種方法的經濟度和方便度兩個角度作出了比較，寶寶媽媽們可以根據自己的需求來選擇適合的作法。

傳統作法：捆紮法——選一條小被子，取鬆緊帶一條，用被子把寶寶從胸口至兩腳包住，露出雙手，在胸腰處紮上鬆緊帶。

經濟度：★★★★★（小被子可以是現成的，鬆緊帶很便宜。）

方便度：★★★（須要媽媽練習捆紮方法，被子捆紮不當可能鬆開。）

流行作法：睡袋法——購買寶寶睡袋一個，把寶寶裝入睡袋。

經濟度：★★★（寶寶睡袋大小不一，須按年齡購買，所以不同年齡階段要按身高隨時替換。而且不同品牌價格不一。）

方便度：★★★★★（各個品牌皆有睡袋，購買方便，使用方便。）

個性作法：夾被法——購買寶寶專用夾被的夾子，把被子夾住即可。

經濟度：★★★★（小被子可以是現成的，夾子的費用大概在幾十元左右，備幾個可以反覆使用。）

方便度：★★★★（這種夾子購買不是很方便，使用較方便。）

Tips：解決踢被實用小方法

1、把寶寶放在睡袋中，兩邊有拉鏈，這樣即使踢被子也不會掉。

2、寶寶不要脫光了睡，而要穿件小睡衣，或是將腹部圍上柔軟的被巾，以保證踢被後腹部也不會受涼。

3、把一個小枕頭壓在寶寶腳下面的被子上，這樣可以使寶寶的被子不再掉。

4、用比較大的晾衣服的夾子將被子固定在寶寶的床上，這樣被子就不會掉下。

5、把被子底下的兩個角縫個布帶子（或寬的鬆緊帶），睡前把帶子固定在嬰兒床的柵欄上，這樣怎麼踢也不會掉啦！

6、天氣熱的時候，所蓋的東西只要蓋住肚子即可，即膝蓋下不蓋，給寶寶穿一雙純棉的襪子就可以了。

在初步發現寶寶有踢被問題的時候，以上六個方法都是爸媽可以嘗試來幫助寶寶改善

睡眠，解決踢被問題。如果以上六個小方法都不太有效，你就可以考慮寶寶踢被是不是疾病引起的，因此得帶他去醫院才好。

溫馨提示：翻身的危險

寶寶學會翻身後，在睡眠中翻身的過程尤其容易發生墜落危險，許多家長不注意，在寶寶睡著後將他放在床邊、沙發等危險處，以為離開一下應該沒關係，結果孩子就在沒人注意到的時候，不小心翻滾掉落，造成身體種種損傷。

一旦發生此類問題，父母也不必驚慌，首先父母應先觀察寶寶的意識、眼球轉動、對外反應等，如果孩子看起來沒什麼問題，家長可先處理外傷的部分，並持續觀察七十二小時。現代社會托育的比例越來越高，有時孩子在白天跌倒了，照顧者沒有仔細留意，也沒告知父母，父母回到家後如發現孩子出現意識不清、莫名地不安、嗜睡、哭鬧的情形，懷疑有腦部受傷的話，應盡速帶孩子前往醫院檢查。最重要的是，千萬不要將熟睡的寶寶單獨放在床邊、沙發等危險的地方，免得發生因翻身而墜落的意外。

3、寶貝，別哭

新手媽咪的困惑：

我的寶寶在晚上睡覺的時候，一直尖聲哭，總是不乖，睡覺的時間也越來越少了，以前是晚上21點左右就睡覺，早晨7點醒來，到10點繼續睡一小時左右就醒了，中午14點左右繼續睡一小時左右，玩到晚上21點休息，以前總是很有規律，但是這幾天晚上一直哭個不停，去醫院也沒什麼病，白天也睡得少了，到底問題出在哪呢？

＊哭泣原因大揭祕

一般情況下，如果寶寶有著良好的睡眠環境跟良好的睡眠習慣，是不容易被哭鬧著醒來的。如果你的寶寶在睡覺，尤其是夜間睡眠的過程中突然啼哭，則極有可能是以下原因引起的：

原因一：缺微量元素，血鈣降低引起大腦及植物性神經興奮性增生，導致寶寶晚上睡不安穩。

原因二：室內環境太熱或太冷、太乾燥讓寶寶不舒服，哭著從睡夢中醒來。

原因三：寶寶有鼻屎不能讓他更好的安眠。

原因四：寶寶睡眠前玩得太興奮。

原因五：肛門外有可能存在著寄生蟲。

原因六：母乳寶寶的戀奶，寶寶夜晚習慣性的吃奶，他哭只是因為他想吃了。

原因七：積食、消化不良，上火或晚上吃得太飽，也會導致睡眠不安。

原因八：被子或睡覺姿勢不舒服。

原因九：剛與父母分開睡的寶寶存在分離焦慮。

一旦寶寶哭鬧著從睡眠中醒過來，極有可能他遇到了這九個方面的某個問題，作為父母的你，千萬不要被寶寶夜晚的啼哭所嚇到，問題一旦發生，爸媽須要作的就是解決問題，找對影響寶寶睡眠的最根本原因，對症下藥。

*讓哭泣的寶寶再次入睡的妙方

心跳法

實用指數：★★　有效指數：★★★★★

適用範圍：1～3個月寶寶

把正在啼哭的寶寶抱起來，讓他的頭部貼著母親的左胸，讓他能夠聽見母親的心跳聲。寶寶在母胎內已聽到過這種聲音，他的聽覺機能在胎兒期的後期已開始發育。當寶寶在子宮裡能聽到母體內有各種聲音，如心臟跳動的聲

音、血液流動的聲音、胃消化食物的聲音。嬰兒聽慣了這些聲音，對此十分熟悉。嬰兒出生之後，對這些聲音仍記憶猶新。所以，當他哭叫醒來時，抱他起來緊貼母親的左胸，讓他聽到母親的心跳聲，回憶起自己在胎內時的安詳狀態。於是，寶寶便會安靜下來，一會兒就入睡了。當然，這個時候，輕拍寶寶的背部效果更佳。因為大動脈通過子宮附近時，嬰兒經常感覺到那拍動的聲音。另外，抱起來之後，搖動幾下也很好。根據對母親搖動頻率測示的結果，一分鐘搖動七十次是搖動寶寶的最佳頻率。遺憾的是，以上所說的方法只適用於1～3個月左右的嬰兒。因為一個月之後，從外界接受到的刺激會不斷增加，例如親膚、說話等現實的刺激逐漸進入大腦，而胎兒時期留下的記憶就逐漸地消失了。

聲音控制

實用指數：★★★★★　有效指數：★★★★★　適用範圍：0～3歲寶寶

適度調節寶寶所處環境中的聲音也可以讓哭著醒來的寶寶再次進入夢鄉。過大的聲音也會引發寶寶的不安，因為寶寶的神經系統還沒有發育完善，所以還不能隔絕來自周邊環境的刺激，如果外面環境比較吵，媽媽可以關上窗，隔絕這些聲音對寶寶的影響，或者播放一些輕柔好聽的音樂，掩蓋讓寶寶心煩的雜音。

另外，在絕對安靜的環境中，播放或者哼唱好聽的搖籃曲。讓嬰兒聽輕柔、好聽的搖籃曲也是非常經典的安撫方式，搖籃曲能幫助他再次入睡。如果認為自己唱歌不好聽，媽媽用溫柔的聲音對嬰兒說幾句安慰的話也可以。還有，有些嬰兒一聽到開著的水籠頭的流水聲、電扇轉動的聲音、廣播的聲音，也能停止哭泣。這些聲音因為具有特別的頻率和強度，所以也能掩蓋其他的噪音。

包裹法

實用指數：★★　有效指數：★★★★★　適用範圍：0～1歲寶寶

在寶寶哭泣著醒來時，你可以嘗試用毯子緊緊裹著他，而不僅只是給他蓋個小被子而已。大多數寶寶喜歡這種被毯子緊緊包裹的感覺，這會讓他感覺好像又回到媽媽的子宮裡，溫暖而安全，很容易安靜下來。在包裹寶寶的時候，要注意包裹的毯子材質，並仔細檢查裡面有沒有硬物，是否平整，以免引起寶寶進一步的睡眠問題。須要注意的是此法只適用於年齡較小的寶寶，2～3歲的寶寶則不適宜採用此方法。

吹氣愛撫

實用指數：★★★★★　有效指數：★★★★★　適用範圍：0～3歲寶寶

一旦寶寶哭泣著醒來，直接而溫柔地朝寶寶的額頭連續吹氣，他會立刻眨眼、深呼吸，如果寶寶不是因為生病或不舒服而哭泣，他會很自然地安靜下來。寶寶都很喜歡被撫摸和輕拍的，所以按摩也是一種很好的哄寶寶的方法，可以有節奏地輕拍寶寶的小屁屁。或者可以把寶寶抱起來，來回走動或是輕輕搖晃，這都會讓寶寶漸漸變安靜的。

上面只是簡單介紹了幾種可以幫助哭泣寶寶再次進入夢鄉的簡單小方法，根據你的生活

經驗，仔細想想，還有哪些辦法可以幫助我們哭泣的寶貝進入夢鄉呢？

Tips：解決哭泣小竅門

1、如果寶寶因為缺少微量元素引發睡眠問題，則須要補充鈣和維生素D，如果缺鈣，寶寶的囟門就閉合得不好；如果缺鋅，一般嘴角都會潰爛。

2、如果因為消化不良引發睡眠問題，則應臨睡前至少兩、三小時餵粥、麵等固體食物，或者是睡前讓寶寶再喝一點奶。

3、晚上一定要餵奶的話，要注意：盡量保持安靜的環境。當晚上餵奶或換尿布時，不要讓孩子醒透（最好處於半睡眠狀態）。這樣，當餵完奶更換完尿布後，會容易入睡。逐漸減少餵奶的次數，不要讓孩子產生夜間吃奶的習慣。

4、如果寶寶因為夜裡想尿尿就醒，應該給他用尿布，這樣不至於因為把尿影響寶寶睡覺。如果有用尿布的話，一定是尿布包得太緊。

5、發現孩子有睡意時，即時放到嬰兒床裡。最好是讓孩子自己入睡，如果你每次都抱著或搖著他入睡，那麼每當晚上醒來時，他就會讓你抱起來或搖著他才能入睡。

6、不要讓嬰兒含著奶嘴入睡，奶嘴是讓孩子吸奶用的，不是睡覺用的，若孩子含著奶嘴睡著了，在放到床上前，請輕輕將奶嘴抽出。

7、按時睡覺：在寶寶入睡前0.5～1小時，應讓寶寶安靜下來，睡前不要玩得太興奮，更不要過分逗弄寶寶。免得寶寶因過於興奮、緊張而難以入睡。不看刺激性的電視節目，不講緊張、可怕的故事，也不玩新玩具。要給寶寶創造一個良好的睡眠環境，室溫適宜、安靜，光線較暗。蓋的東西要輕、軟、乾燥。睡前應先讓寶寶排尿。

※抱與不抱的困惑

獨立派代表——媽咪A

絕對不能寶寶一哭著醒來就抱。早就從家裡的老人、公司同事和鄰居那裡聽說，一旦寶寶哭著醒來，如果每次都抱，他會被養成習慣。有時候並不是他病了或者不舒服，他就是習慣性的從睡夢中醒來，然後哭泣。

溫暖派代表——媽咪B

當然要抱了。看著這麼小的寶寶哭得聲嘶力竭，小臉脹得通紅，我就覺得揪心。一看到寶寶哭，我都會把他抱起來，我想這樣至少能讓他有些安全感，更快的再次進入夢鄉，不至於感到無助和害怕吧！

專家點評：

兩位意見不同的媽咪都各有各的道理，不能說誰對，也不能說誰錯，具體怎麼應對，也要視具體情況而定（參照下面的溫馨提示），但是在抱著寶寶再次哄他入睡的過程中要注意：

A、注意保護寶寶的頭部

寶寶們，尤其是新生的寶寶的脖子並不是從一生下來就能豎起來的，所以媽媽在抱寶寶時，一定要讓他的頭有所依靠。輕輕地把小腦袋放入肘窩裡，小臂及手托住孩子的背和腰，用另一隻手掌托起小屁股，呈橫抱或斜抱的姿勢，使他的腰部和頸部在一個平面上。

B、控制豎抱時間

寶寶越小，豎著抱的時間要越短。方法是一隻手托住他的臀部和腰背，另一隻手托住嬰兒的頭頸部或讓他依偎在媽媽的肩膀上，控制在兩、三分鐘，否則寶寶會不堪重負的。

C、不要大力的搖晃寶寶

有些媽媽喜歡一邊抱一邊搖寶寶，這樣作如果力量控制不好的話，是容易發生危險

的。如果寶寶很小的話，建議還是不要搖晃比較好。因為小寶寶頭部的髓磷脂還不能勝任保護大腦的工作，抱著寶寶用力搖晃，嚴重的話會造成頭部毛細血管破裂，甚至導致死亡呢！而年紀稍大的寶寶，也要注意在搖晃寶寶使他再次入眠的過程中也不能太過用力。

溫馨提示：

一旦寶寶哭鬧，不要即時作出反應，等待幾分鐘，因為多數小孩夜間醒來幾分鐘後又會自然入睡。如果不停地哭鬧，父母應過去安慰一下，但不要亮燈，也不應逗孩子玩、抱起來或搖晃他。如果越哭越厲害，等兩分鐘再檢查一遍，對照前面提供的原因分析，認真思考寶寶到底是因為什麼原因哭泣。

如果寶寶沒有其他不適的原因，夜裡哭泣著醒來則有可能是一種習慣性行為，在這種情況下，如果他每次醒來你都立刻抱他或給他餵東西的話，就會形成惡性循環。對付此種情況，在寶寶夜裡醒來時（應該都是迷迷糊糊的），不要立刻抱他，更不要逗他，只能輕輕的拍拍他，安撫著想辦法讓他睡著。一般如果處在迷糊狀態的寶寶都會慢慢睡著。

4、午睡很重要

足夠的睡眠，能使寶寶精神活潑，食慾旺盛，促進正常的成長發育。寶寶活潑好動，容易興奮也容易疲勞，故年齡越小睡眠時間越長，次數越多。到了一歲半以後，白天還須睡一次午覺。因孩子活動了一個上午，已相當疲勞，在午後舒舒服服地睡一覺，使腦細胞得到適當休息，可以積極愉快地進行下午的活動。改善寶寶每天的午睡，可以使他覺得更快樂、更好的發育，並且能使他夜晚的睡眠變得更香甜。

※寶寶午睡的關鍵問題

1、睡多久才好？

根據專家的研究，寶寶的午睡不能低於三十分鐘，因為不到三十分鐘的睡眠不足以完成一個睡眠週期，不僅不能讓寶寶休息好，反而會使他變得更加煩躁。同樣，寶寶的午睡時間也不宜過長，過長的午睡會使寶寶在夜間睡眠來臨的時候仍然保持興奮，遲遲不能進入夜間睡眠，對寶寶而言，最長的午睡也不適宜超過三個小時。

2、什麼時候睡較好？

寶寶白天的某些時間與生理時鐘相吻合（參閱奇妙的生理時鐘一節），這些最適應的時間能夠使睡眠與甦醒達到平衡，進而以積極的方式保障寶寶的午睡和夜間睡眠，對那些午睡兩次的寶寶們來說，最佳午睡時間分別是上午9:00～11:00左右，午後12:00～2:30左右，對那些午睡只有一次的寶寶們來說，午餐後的時間也就是12:00～2:30則是他們的最佳午睡時間。

當然，這裡所列舉的時間只是一般情況下判斷的標準，某些時候，比如旅途中，或者某一天寶寶在外婆、奶奶家作客格外勞累的時候，午睡的入睡時間和入睡長度也可以有所調整，還是那句話：「具體問題具體分析」，讓寶寶得到最好的休息才是每個家長最大的心願。

一個媽咪的抱怨：不肯午睡的寶寶。

在我懷著寶寶的時候就常聽那些有寶寶的姐妹或者寶寶外婆告訴我，一旦有了寶寶，尤其是當他過了新生兒的階段，讓他有一個良好的午睡多麼的重要。我很清楚地知道這一點，因此在自己養育寶寶的過程中，我非常注意讓寶寶擁有良好的午睡，在他一歲之前午睡倒也

還施行的蠻好，可是等到他再大一點，能爬、能跑的時候，到了午睡時間你把他從玩具中拖起來，他就會哇哇地大哭起來，要嘛就是半天不能進入午睡。該睡的時候不睡了，整個下午他也就是無精打采的，唉，我真懷念我家寶寶那段乖乖午睡的時光啊！

專家解析：

寶寶一天天長大的過程中，他們學會的種種新技能常常會成為影響他們午睡的罪魁禍首，下面的方法也許可以幫助煩惱媽媽們，在妳認為寶寶應該午睡而他不肯睡的時候，妳也許可以在下面的方法裡選擇一、兩項妳認為合適的，然後把它們添加到妳為寶寶建立的午睡規則中：

1.推他入睡

如果寶寶不願意午睡，妳可以把他放在搖動的童車裡，推著他在家中來回走動，直到他入睡。如果寶寶很快又醒來，妳可以繼續走動，讓他重新入睡。當他習慣於每天睡午覺後，妳就可以把他移到床上睡。如果家附近有公園或綠地，妳也可以把寶寶的午睡時間跟自己的運動時間融合，在寶寶每天應該午睡的時候，推著童車去綠地或樹林散步。這樣的話，寶寶可以獲得睡眠，妳也可以有愉快運動的體驗。

2.遮蔽光線

如果寶寶習慣在光線暗的環境裡入睡，午睡時，媽媽應該確保他的房間裡保持黑暗，為寶寶拉上窗簾。如果窗簾的透光性能太好，也許妳可以考慮更換成厚窗簾。有些寶寶對光線十分敏感，亮光會使他們無法入睡或者剛剛入睡又醒來。

3.陪他入睡

在黑暗的房間裡跟寶寶躺在一起，播放恬靜的音樂或有聲圖書，放鬆，然後閉上眼睛。如果妳不想午睡，那麼，當寶寶完全入睡後，妳可以起床。不過如果妳陪著陪著就睡著了，那就意味著妳也須要睡眠。研究顯示，短暫的午間休息有益於成人健康，那麼媽媽和寶寶不妨一起快樂地午睡吧！

4.避免興奮

午睡之前，不要讓寶寶進行有趣的活動，以免他過於興奮不能入睡。如果寶寶剛開始

搭建一個積木城堡，開始拼拼圖，或者剛剛打開一桶新的黏土，這時妳讓他停下來去午睡，寶寶一定不情願。所以，媽媽應該讓這些有趣的活動留到寶寶睡醒後再進行。

5.睡前許願

答應寶寶，等他午睡醒來，他可以得到一些盼望得到的東西，比如去公園散步、玩黏土、吃甜點、喝牛奶等。告訴寶寶，在他睡覺時妳會幹什麼，而且要讓這些事情聽起來很無聊，例如「妳睡覺的時候我要拖地啦」。這樣告訴寶寶，會讓他認為自己並沒有錯過任何有趣的事情，而且睡醒了就會有開心的遊戲等著他呢！

6.睡前故事

也許是個小小的忽略，很多媽媽都沒有發現，自己的寶寶白天不願意午睡的原因，居然是缺少了睡前故事。如果每天晚上寶寶要聽一、兩個故事後才能睡著，白天寶寶缺少了睡前故事一樣會難以入眠。媽媽可以陪伴他，遵循著夜晚的睡覺規律，為寶寶講一個溫馨的睡前故事，很快寶寶就會甜甜入睡。

7.享受安靜

有些寶寶很愛玩遊戲和學習新事物，一分鐘也不願意停下來去睡覺。如果妳發現每次都說「午睡時間到了」，他就會感覺很沮喪，那麼妳可以改變一下說的方式，不要對他宣佈「午睡時間到了」，而是說「安靜的時間到了」。或者妳乾脆什麼也不說，只是陪他進入臥室，給他讀一些書籍，或者給他喝牛奶，讓他聽聽輕柔的音樂，跟他小聲說說話。如果這時寶寶已經感覺疲勞，他一定會入睡。如果他不疲勞，安靜也會使寶寶和妳都得到片刻的休息。

8. 音樂暗示

妳可以在寶寶午睡過程中使用固定的催眠曲，這樣，他會形成一種條件反射，每天在固定時段聽到同樣的音樂就會自然地接受午睡的到來。如果家裡有一個滴答作響的掛鐘，或者夏天電風扇轉動的聲音，也都可以使寶寶放鬆下來，為寶寶創建一種很強的睡眠暗示。另外，這些聲音還可以阻斷其他會把寶寶吵醒或者縮短寶寶午睡時間的噪音。

9. 牛奶儀式

很多寶寶都會在睡前喝牛奶，久而久之，寶寶會建立「喝過牛奶進臥室，一定會睡得

很香」的想法。媽媽在午睡前，可讓寶寶喝一些牛奶，這就告訴他，牛奶會給他帶來香甜的睡眠。這樣可以讓寶寶感覺愉快又安心。

5、寶寶睡眠的祕密武器

對寶寶而言，總有那麼一些小細節或者小玩具可以幫助他們更好的入睡，這些小祕訣或者小玩具無論是在寶寶的睡前階段，還是在寶寶半夜醒來，亦或是解決寶寶的夜驚或者噩夢問題，都能有著無與倫比的功效，這三個強大幫助寶寶睡眠的武器分別是：睡前讀物、睡前音樂和幫助寶寶睡眠的小玩具。相信更深入瞭解這三個小祕訣一定能幫我們的寶寶贏得更好的睡眠！新手爸媽們，要加油了喔！

祕密武器之：睡前讀物

睡前故事是幫助寶寶入睡的最有利武器之一，大多數寶寶入睡前非常喜歡聽故事，那麼，我們該給小寶寶講什麼樣的故事呢？這些故事又該怎樣給寶寶講呢？

一般而言給寶寶講故事的時候，要注意到以下幾點：

首先，故事的內容要能引起寶寶的傾聽慾望，寶寶對故事內容感興趣。在寶寶感興趣的前提下，故事的內容最好對寶寶有教育意義。一方面，選擇的故事要有利於寶寶獲得一些有益的知識經驗，如小壁虎借尾巴、月亮姑娘作衣服、奇妙的動物王國等。另一方面，我們可以採取活靈活現的講故事的方式，和寶寶進行有效的互動。在講述小青蛙找媽媽的故事過程中，可以穿插一些英語表達，如：小青蛙遇到

了魚媽媽，魚媽媽說：「我不是妳們的媽媽，我是fish媽媽。」小蝌蚪遇到了鴨媽媽，鴨媽媽說：「我不是妳們的媽媽，我是duck媽媽。」……這樣寶寶不僅知道了青蛙小的時候是蝌蚪的科學知識，同時，也使寶寶在生動的語言情景中累積了英語辭彙，激發了寶寶學習英語的興趣。

其次，在給寶寶講故事的過程中，選擇什麼樣的方式為寶寶講故事也是值得考慮的問題，一種方式是我們講，寶寶聽。這樣的方式有利於培養寶寶的傾聽習慣和能力，讓寶寶學習安靜、認真地傾聽；另一種方式是邊講邊創編的互動式。故事中，我們可以隨機讓寶寶創編故事情節，這樣作既可以培養寶寶的創編能力，又可以鍛鍊寶寶進行發散思維的能力。所謂隨機創編，則是根據寶寶個體情況和故事的構造，靈活和寶寶進行互動。如：可以家長開個頭，讓寶寶充分發揮他們的潛能，進行創編。也可以是讓寶寶猜測和創編故事的結尾，或是在故事的中間讓寶寶根據自己的想法，猜測和描述故事的發展。當然，這種方式須要我們有一定的引導和提問技巧，以及對寶寶情緒和各方面發展狀況的瞭解。

一個媽咪的抱怨：睡前故事怎樣講才好？

看了許多的育兒書，都會講到睡前故事在幫助寶寶睡眠中的作用，我也打算運用同樣的方法幫助我的寶寶睡眠，可是，讓我不得不思考的問題是，怎樣才能很好地讓寶寶喜歡睡前故事，講睡前故事又須要注意些什麼？

專家解析：

許多家長都知道睡前故事是保障寶寶睡眠的有利武器，但是知道歸知道，他們卻並不真正瞭解怎樣使用這件武器使其發揮最大限度的功效。睡前故事究竟該怎樣講才好，家長們必須要注意以下幾點：

1、先瞭解故事的主題和內容：為寶寶講睡前故事前，父母必須先深入瞭解故事的主題和內容，如果您先閱讀一遍，掌握住每一個角色的個性和故事的背景，講起來一定會很自然貼切，容易把故事的氣氛完整地表現出來，講故事的最高境界，應該是這個故事就好像是您親身經歷過的，扣人心弦。

2、要有感情：為寶寶講故事，如果用感情來講，而且講起來很流利生動，孩子一定會聽得入迷；當然這並不代表一定是講得天花亂墜，手舞足蹈。

3、聲音要豐富：不論是唸故事還是講故事，模仿一些故事中角色或物品的聲音，故事聽起來會更生動。比如：火車的「嗚～嗚～」，汽車的「嘟～嘟～」，小狗的「汪～汪～」，東西摔碎的「呼～叭～」等等。

4、故事內容要帶有安詳寧靜的氣氛：講睡前故事，是為了讓寶寶更快、更安詳地入睡，所以，故事內容不宜帶有暴力或鬼怪的成分，以免寶寶越聽越興奮。同時，講故事的語氣也要盡量輕柔緩慢。這裡可以告訴爸爸媽媽一個小技巧：不妨將故事稍加改變，把故事中角色的名字改成孩子熟悉的人，或是孩子的名字，讓孩子聽起來更親切。

5、講睡前故事時的環境要安靜：盡量讓室內的環境更安靜一些，同時燈光也要柔和，如果使用床頭燈，燈光不要直射寶寶的眼睛。

Tips：什麼樣的故事最適合寶寶？

每一個寶寶都是不同的，因此不同的寶寶對睡前故事也有著不同的偏好，妳可以在開始時試著選讀不同類型的故事幫助他睡眠，並把妳講過的故事記錄下來，最後觀察出寶寶的真正偏好，在以後的睡前故事環節盡量為寶寶講述他比較喜歡的故事。

下面的睡前讀物分類比較表將會幫助妳作到這一點。

寶寶睡前讀物分類比較表

睡前讀物類型	睡前讀物特點
動物故事	以動物為主角的故事，取材範圍最廣，趣味性也最高。很適合作寶寶睡前故事的題材。
行為故事	將平日生活小節故事化，引導孩子從故事中體會一些行為準則。
偉人軼事	將一些偉人的精神事蹟予以故事化，潛移默化影響寶寶。
神話故事	恰當的神話故事最具幻想，讓寶寶在奇妙的幻想世界展開想像。
民間故事	流傳久遠，多姿多采，神奇有味。
寓言故事	意義通俗淺近的寓言，最具隱喻教育意義。

溫馨提示：錄音機跟爸媽一樣嗎？

有些父母認為每天給寶寶講睡前故事聽，不但浪費時間也浪費精力，不如放一些故事的錄音帶給他聽。可是為寶寶講睡前故事的那份愛心，和親子之間的感情互動，是錄音機無法取代的。哪怕是您口齒不清、聲音沙啞，妳的寶寶還是喜歡聽您講述「很久很久以前……」的故事。總之，父母為寶寶講故事，不僅要有愛心，還要有耐心。把小寶寶當成一位很好的聽眾，而您是一位偉大的演說家，每天晚上您都須要好好的表演，當妳的寶寶寧靜入睡時，才是您謝幕的時候。

祕密武器之：睡眠音樂

與睡前故事一樣，寶寶的睡眠音樂同樣是幫助寶寶睡眠的祕密武器之一，很多寶寶都喜歡在有舒緩音樂的陪伴下緩緩進入夢鄉，在音樂的陪伴下他們往往能睡得更加寧靜，好的音樂同時還能陶冶寶寶的情操，在保障寶寶睡眠的同時也沒有忽略對審美觀念的培養，在音樂的環境中，我們的小寶寶往往能長得更加茁壯呢！當妳的寶寶在夜間哭泣時、當妳的寶寶突然醒來時，來一段舒緩的音樂陪伴他吧！

※為什麼音樂會幫助寶寶入睡？

照顧過寶寶的人都知道，一旦寶寶到了該睡卻吵鬧不睡的情況下，把寶寶抱在懷裡按一定的節奏輕輕地搖晃他，或用手輕輕地拍他，或者同時嘴裡按一定的節奏哼唱著，很快寶寶就會睡著了。除了以上這些民間常用的方法外，還有就是給寶寶聽搖籃曲，也能誘導他很快入睡。但搖籃曲又是怎樣產生催眠作用的呢？

首先，音樂是傾注了作曲家某種情感的聲波。雖然它不是語言，但它從樂曲的旋律等抒

發作曲家的某種特殊情感。這些情感是以樂曲的聲波來感染人的，有時比語言更能直接感染人。搖籃曲那種綿綿柔情的曲調，如同垂柳緩緩擺動或溪水潺潺的節奏及速度，使寶寶產生鎮定和柔情，感覺恬靜與舒適地全身肌肉放鬆。

其次，從聲波的物理學特徵上看，音樂是連續發出的聲波，其波形很規律並呈週期性的變化。這在音樂學上叫作旋律發展中的重複或變化。人的內耳螺旋器上叫作毛細胞的神經細胞，在接受這樣的聲波的「機械震動」時，能得到週期性的休息而不致疲勞。同時，大腦會因為音樂所抒發的情感使人聽了感覺舒適和欣慰。

所以，音樂並非僅僅是一種藝術欣賞的音響，除了藝術上的價值之外，它還有各種生理的、心理的效應。搖籃曲就是經由簡短和舒緩，而旋律輕柔甜美，伴奏的節奏音型帶搖籃的動盪感，使寶寶得到一種安全和舒適的感覺去對抗那些興奮著的腦細胞使之被抑制，於是寶寶進入睡眠狀態。

溫馨提示：

一般而言，睡前音樂最好選擇沒有歌詞的輕音樂，或是沒有歌詞的寶寶音樂，曲調不要太強烈，不要抑揚頓挫太明顯，最好是輕柔舒緩，不要有太大起伏的音樂。諸如巴赫的《耶穌，眾人仰望之喜悅》、《第三號管弦樂組曲，歌調》、巴哈的《小步舞曲》、貝多芬的《月光鋼琴奏鳴曲第一樂章》和《悲愴鋼琴奏鳴曲第二樂章》、或是德布西的《月光》或舒曼的《夢幻曲》，都是不錯的選擇。

祕密武器之：睡眠夥伴

獲得安全感是寶寶心中的頭等大事，一旦他覺得自己處在不安全的環境中，常常會感到焦慮不安，這種情緒在睡眠過程中表現得尤為明顯，一旦他在入睡或者睡眠中找不到自己的安全感，常常會嚎啕大哭，這時候我們的小天使就變得像魔王般，幸好我們還有幫助寶寶睡眠的第三樣祕密武器，那就是寶寶的「睡眠夥伴」，這個睡眠夥伴有可能是一件玩

具，也有可能是寶寶喜歡的枕頭或者毛毯，不要小看了這件祕密武器，在寶寶從小床上搬離必須要一個人睡或者是出現夜間恐懼時，都是幫助寶寶更好適應新的環境獲得良好睡眠的有用寶貝。

※睡眠夥伴怎麼選？

緊緊地抱著一個軟軟的玩具、小毛毯或者小枕頭可以給寶寶帶來安全感。寶寶有著非常豐富的想像力，而這些他們熟悉並喜歡的東西是非常真實的，這些真實的存在能消除他們的孤獨感，縮短寶寶換床時的適應期，降低夜間恐懼的發生可能。促進這種習慣形成的方法是，為寶寶提供兩、三種選擇，將這些東西放在寶寶旁邊，觀察寶寶最常拿的是什麼，

然後在他午睡或者夜間睡眠的時候，將他喜歡的東西放到他的床上。須要注意的是選擇的東西不能太大，要讓寶寶能夠抱住，上面不能有可拆卸的部分，要確保這個「夥伴」足夠柔軟。如果這個「夥伴」是玩具，那麼它的表情要盡量平和，一個有著大眼睛的塑膠臉娃娃就遠不如一個小眼睛的玩具熊那麼適合作寶寶的睡眠夥伴。

溫馨提示：

如果寶寶的睡眠夥伴是玩具，則在使用的過程中須要注意到以下幾點：

①注意控制寶寶在睡前把玩玩具的時間，如果他把玩具拿在手裡玩個不停，這時妳就必須要考慮是不是要修改寶寶的入睡模式，減低他對玩具的依賴，以免玩具從寶寶睡眠的幫助者成為寶寶睡眠的影響者。

②切記及時清洗或者更換布製玩具和長絨毛玩具，如布娃娃、長毛狗之類易髒的玩具，要杜絕金屬玩具、硬塑玩具，如槍、變形金剛等稜角堅、質地硬的玩具成為寶寶的睡眠夥伴。

CH 4

良好睡眠交響曲

當你輕哼著搖籃曲時，寶寶在不知不覺中，已經離他的嬰兒時代越來越遠了，身為爸媽，也不能再用對待嬰兒的眼光看待他們。他們已經慢慢長大了，學會了很多的新的動作技能，言語也開始變得熟練，室內環境不再是他們唯一主要的場所，室外對他們而言也是同樣重要。偶爾，或許寶寶還要被你帶著前往外婆家、奶奶家，或者去某個風景優美之地全家共度一個假期。時間在變，情況在變，寶寶的睡眠也同樣在變。讓寶寶安睡的問題依然是我們關注的焦點之一，就如我們所強調的那樣，在改變的情境下，我家的寶寶依然是最會睡的。

第一節 2～3歲寶寶睡眠特徵篇

一、不再與父母同床

寶寶日漸成長，從可以自己穿鞋、穿衣服，到能自己用小茶壺倒水，再到會自己脫掉外套、會用肥皂洗手，漸漸他開始變得獨立起來，在以往的日子裡，他總是與你同睡，即使不是睡在一張床上，你也必須要把他的嬰兒床放在大床的旁邊，以方便你隨時照顧他，但在寶寶開始表現出獨立的傾向時，就顯示現在是你放手讓他在自己的房間裡安睡的時候了。不再與父母同床，是每個2～3歲的寶寶都會經歷的過程，也是這個階段的寶寶睡眠的顯著特徵。不在父母身邊安眠的日子，有可能會引起分離焦慮等多種問題，在接下來的小節中我們還將繼續談到這一問題。

2、夜晚的地圖

當寶寶還是個小嬰兒的時候，我們從來不會把尿床當作一件嚴肅的事情，可是當寶寶成長到2～3歲，尿床就不僅僅是換個尿布那麼簡單了。在這個年齡階段的寶寶已經會爬、翻身、站立、走路等各種新奇的技能，那麼，避免在夜晚的時候在床上畫下地圖也是他們將要學習的事情之一。當然，我們從來都不能要求寶寶天生聰明，到達該學會的時間就自然學會並且從不犯錯誤，作為父母，我們要學會教寶寶如何避免此類事情發生的方法，而當它發生的時候，我們要知道如何應對。

3、戰鬥開始了

寶寶的活動範圍越來越大，從前他只是牙牙學語，現在他已經能有一些相對流利的表達了，他總是可以抱著各式各樣的玩具玩個不停，一旦你把他趕到床上去，他依然會抱著他的玩具在床上跳個不停，「睡吧！睡吧！我親愛的寶貝。」你總是這樣的希望著，可是寶寶會用他「豐富」的言語和「豐富」的動作讓你知道「No way！讓我乖乖睡覺哪是這樣容易的事情？」在睡眠問題上與父母的抗爭，是這個階段寶寶睡眠的重要特徵，一旦戰鬥被打響，身為父母的我們也要趕快翻出兵書，不能打無準備之仗。

4、牙齒的問題

實際上在一歲之前，寶寶就會長出他的第一顆牙齒，正如同我們一再強調的，時間在變，寶寶在成長，在這個階段，寶寶基本上都已經長滿健全的牙齒了，可是，牙齒與睡覺之間有著什麼問題呢？你可曾在夜間不小心推開寶寶的睡房，聽見有些讓人毛骨聳然的磨

牙聲？是的，不用懷疑，磨牙從來都不是只會在成年人身上出現的問題，成長發育極快的寶寶身上也同樣有可能出現此類問題。如果只是有聲音而不會影響到寶寶的睡眠，倒也是一件不用太令人擔心的問題，可是磨牙問題卻與寶寶的睡眠密切相關，在接下來的小節中，還會具體談到磨牙究竟是怎麼影響著寶寶的睡眠。

5、不安的夜晚

當寶寶還小的時候，只要我們創建了合理的睡眠規律，全家人一起努力嚴格執行，會發現讓寶寶會睡相對而言不是一個太難的問題。可是面對2～3歲的寶寶，情況卻出現了天翻地覆的變化，半夜的時候，有可能他獨自從自己的小床跑下來，哭著跑到你的床上說他作了很可怕的夢，或者他總是在夜晚感到不安或恐懼，久久不能睡著。夜晚就是這樣，總是能帶來很多的問題，一旦進入黑夜，彷彿世界都不再是我們熟悉的那個世界了。如何應對這些發生在夜晚的突發事件，就是每一個父母須要學習並幫助寶寶解決的事情。

第二節 2～3歲寶寶睡眠訣竅篇

一、一個人的世界

2～3歲的寶寶，在他們之前的歲月裡可能從未有過一個單獨的、屬於自己的小空間，但是現在，情況不同了，隨著年齡的增長，他們慢慢學會並且試著變得獨立起來，這個時候，他們開始從大人的房間搬出去，住到自己的新房間裡。可是，怎樣的臥室才能讓寶寶備感舒適，獲得最好的睡眠呢？敏感的寶寶們，

身體抵抗力和活動能力都不能跟成人相提並論，因此，我們也不能按照成人的標準設置寶寶的臥室，寶寶的臥室佈置，可是有著他自己的一套講究的。

＊寶寶臥室佈置四要素：

①氛圍要溫馨。為了給孩子的臥室增添一些童趣、溫馨的氛圍，你可用一些鮮豔、可愛的飾物或玩具來點綴房間，如誇張的卡通形象、美麗的海底世界、恬靜的田園風光、有趣的動物天地等。

②色彩要和諧。孩子的臥室應該以明亮的色彩為主調。如紅、桔紅、藍、綠、黃等。這些色彩明快，飽和度高，易於孩子接受，能夠給孩子帶來樂觀、向上的生活情趣。在明快的色彩環境下生活的嬰兒，其創造力遠比在一般環境下生活的嬰兒要高。居家牆壁若是單一的白色會妨礙孩子的智力發育，應該在寶寶的居室環境中，有意識地增加各種明快的色彩，給寶寶形成良好的刺激，有利於身心發展。

③空間要寬闊，佈置要合理。小孩子精力充沛，活動量大，所以在擺放家具時，應盡可能地節省空間，好多給孩子留下一些活動的空間，把睡眠區域、活動區域有一個明顯的界線，讓寶寶清楚的瞭解，什麼是活動的地方，而什麼又是睡覺的地方。

④溫、溼度要適宜。寶寶房間的溫度以18～22℃為宜，溼度應保持在50％左右。冬季，可以藉助於空調、取暖器等設備來維持房間內的溫暖。為了保證房間內空氣的新鮮和溼度的適宜，一定要注意定時開窗通風換氣。保持室內的溼度是父母常常疏忽的，可以在室內掛溼毛巾，使用加溼器等。夏季，寶寶的居室要涼爽通風，但要避免直吹「過堂風」。

＊寶寶臥室佈置四準則：

①選擇色彩聽孩子的。在色彩的選擇上，孩子們因為心地純真，色彩感沒有經過後天調和，他們更喜歡純正、鮮豔的色彩。家長平時也可多留心孩子對色彩的不同反應，選擇孩子感到平靜、舒適的色彩。

②眼光走在成長的前頭。孩子是在不斷成長著的，而你的裝修不可能兩、三年一換，所以在裝修前父母要有超前意識。比如孩子現在較小，留出來的娛樂區將來可能改為學習區。將來要擺放的書櫃和桌椅的空間要留足，檯燈和電腦的電源、插座、線路都要預先考慮好。

③把有陽臺的房間留給孩子。有陽臺的房間一般陽光比較充足，通風條件也好，有益於孩子的身心健康。利用陽臺還可以給孩子創造更多的情趣，比如在陽臺上看書、畫畫、運動。設計師還建議孩子較小的家庭把陽臺的一面牆留給孩子。因為三歲後的寶寶有一個塗抹期，喜歡隨處塗抹。把陽臺的一面牆貼上光面小瓷磚，可反覆繪畫，便於清洗。既可讓寶寶盡興，又省了媽媽清洗時的煩惱。

④寶寶的床要有「彈性」。寶寶就像浸在水裡的豆芽，一天長一節，為孩子選擇一張可調節拉長的床不失為明智之舉。另外，能充分利用空間的雙層床也是一個很好的選擇。下層供孩子睡覺，上層可成為孩子的娛樂場所，也可以堆放各種玩具，而且也方便老人或保母照顧孩子。

一個媽咪的抱怨：玩具到底要不要？

我家的寶寶到了單獨睡的年齡，於是我們不再讓他與我們同住在一間房中，而是讓他睡在自己的小房間裡。當然，除了睡覺，他也會在自己的寶寶房中玩耍，為了方便，我們在地上墊起了地墊，同時還擺了很多可以讓他玩的玩具，可是沒想到，原本擱著這些是希望幫助寶寶睡眠，卻反而成了寶寶睡眠的累贅，就算是到了睡眠時間，他一進睡房看見這些他的玩具小夥伴們，也會不由得多興奮一陣嚴重影響了他的休息，人都說寶寶臥室的佈置是個大問題，可是玩具該不該在屋子裡還是讓我困惑不已，拿走怕影響他的睡眠習慣睡得不好，不拿真實的問題已經擺在面前了，到底應該如何是好呢？

專家解析：

將遊戲空間由臥室中分離出來，是解決此類問題的一個切實有效的方法。但事實是，許多家庭根本沒有條件為寶寶準備一間臥房和一間遊戲房，這裡有幾種方法幫助你達到分離的目的，但又不須要特意對你的房子進行改造。

第一步、重新佈置房間，將睡覺的地方從遊戲區分離出來。可以巧妙地利用如梳妝檯、沙發或書架等家具，當然你也可以用窗簾或其他織物將床的位置分出來，睡覺的空間並不須要太大，足夠放下床就可以，在臥室改造的過程中，你也可以諮詢寶寶的意見和態度，用他最喜歡的方式來處理空間。

第二步、重建寶寶睡眠區結構。寶寶的睡眠區域只須要有幾個陪伴他睡覺的玩具、幾本書、一盞檯燈或者夜光燈，以及一杯水。當良好的睡眠環境被佈置好後，你應該讓他意識到這是他睡覺、讀書以及休息的專用空間，進而解決房間內的玩具對寶寶睡眠的困擾。

＊寶寶臥室代表風格：田園牧歌式的臥室

所謂田園牧歌式，就是指房間裡的色調明亮、簡潔，空間佈置合理、開闊，室內陳設大器不拘謹，是一個富於特色的優雅空間。在住房日益寬敞的今日，你完全可以為寶寶佈置一間具有田園風格的兒童臥室。讓寶寶從小生活在寬敞、明亮的屋子裡，這對寶寶性格的形成是有幫助的。你的孩子會比較開朗、大器，待人也會比較寬厚。

為了使寶寶臥室的佈置適應他成長的須要，在屋子的局部地區可以作一些誇張的佈置，以緩解居室設施與兒童發展不同年齡階段所須要的居室功能須求之間的矛盾，避免了不必要的二次、三次裝修。

孩子臥室的地面宜採用駝色化纖長絨地毯，牆面為蘋果綠系列的豎條紋壁紙。在這

種環境下休息、玩耍，可以使孩子的情緒較為穩定，增強大腦邏輯思維能力；踢腳板採用傳統歐式（亞當式）踢腳板（高150公釐），比一般的踢腳板高出約30～50公釐，加強了其厚重感；窗子的處理是一個重點，金屬彩色鉻化玻璃使每一縷進入室內的陽光得到「過濾」，精雕細琢的厚重白色造型窗框，為綠意濃濃的居室點明了主題。在孩子的臥室裡，家具可挑選白色基調的，似一朵盛開的百合，使空間顯得純淨而明朗。這樣，一個田園牧歌式的房間就佈置好了，相信在這樣的環境中，即使是剛剛開始一個人睡覺的寶寶，也會覺得舒適吧！

Tips：收拾臥房不可少，殺滅細菌有妙招。

首先，一星期你至少須要打掃一次屋子。這可是一場與灰塵的大戰，目的就是要徹底消滅它們的老巢，不讓它們在居室中繁衍生息。只要作常規的掃除就可以了，最好不要使用有化學成分的噴物劑、除菌劑。灰塵一般棲息在床墊中、地毯裡、家具或是被褥中，以人體的皮膚殘屑為食，須要溫暖而潮溼的環境生存，可是人的肉眼卻看不到它們。知道嗎？也許每天晚上你睡覺的時候，呼吸的溫暖空氣中就含有許多的細菌。這些細菌很容易引起人體的過敏症，經過美國環保署和呼吸道疾病研究協會的鑑定，灰塵顆粒可以導致人體患上哮喘、咳嗽和充血等疾病，特別是兒童。而環境的保護可以成為你走向健康的第一步。

其次，一星期至少將家中的被褥用溫水或熱水清洗一遍。白天的時候還可以用棉質的床單蓋在床上，以防止灰塵落在上面。

第三，不要讓你的寵物，尤其是長毛的動物進入臥室內。因為牠們的身體上、毛髮上甚至周圍的空氣中，都有大量的細菌。

第四，定期清理家裡的通風口、排氣管道。這些都是傳輸細菌的主要管道。

第五，盡量避免經常打開家裡的包袱，一旦打開整理就會抖落出很多的灰塵和細菌在空氣中飛來飛去。

第六，不要在室內抽菸，因為抽菸時噴出的煙霧容易使空氣中的灰塵滯留。

最後，不要將空氣清新劑或是香水噴灑在空氣中，如果對花粉不過敏的話最好還是買幾盆鮮花，既裝飾了屋子又可以使空氣保持新鮮。清新的空氣和陽光永遠是我們身體的好夥伴，因此保持窗戶敞開著讓空氣流動很重要（參見第一章）。再也沒有什麼能比睡個好覺更舒服的了。

溫馨提示：安全隱患不要來：

1、在寶寶的床上不要放置衣物或其他的東西，特別是各種包裝袋、塑膠紙和尿布、衣服等雜物，避免寶寶在夜間睡眠時被壓住導致窒息。

2、冬季務必保持安全取暖，避免燙傷。冬季在寶寶睡眠時使用熱水袋、取暖器、熱水瓶時一定要小心，稍有疏忽就容易造成寶寶的燙傷。建議在有寶寶的臥房裡使用的取暖器一定要有圍欄保護。

3、收好尖銳利器。寶寶活動能力不斷增強，活動範圍也不斷擴大，為了安全起見，刀、剪刀、毛衣鉤針等尖銳鋒利的危險品，必須收好。寶寶不小心拿到後，常常會誤傷自己。

4、收妥細小物品和易碎物品。寶寶長到一定大的時候，喜歡不管什麼東西都往嘴裡放，家裡不要把諸如鈕釦、玻璃珠、豆子、棋子、藥片等體積較小的東西，放在寶寶拿得到的地方，以防他吞入口中，造成傷害。臥房中更是不能有藥品和化學清潔劑、洗滌劑等化學製劑出現。薄利器皿和瓷器等易碎物品也不應該出現在寶寶臥房。

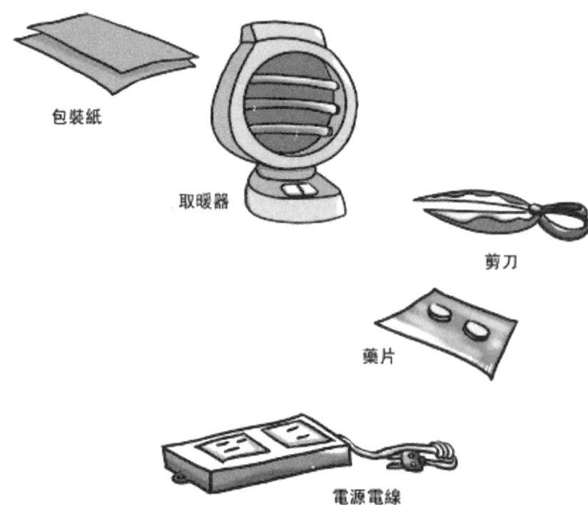

5、當心電源電線和家具的銳角。電源插座最好放在孩子觸碰不到的地方，或家具後面。暫時不用的插座應該貼上膠布。嬰兒可能觸摸到的燈口上一定要安裝燈泡。另外，要教育寶寶不拉電線、不咬電線。

2、別了，嬰兒床

從帶護欄的床搬到兒童床上，是寶寶生命中的一個里程碑，每一天，我們都能看見寶寶身上所發生的令人驚奇的變化。搬到自己的大床上，是寶寶從嬰兒階段走向兒童階段轉變的最為明顯標誌。實際上，寶寶什麼時候該離開嬰兒床並沒有絕對的規定，然而一般意義上，

這個過程都發生在2～3歲之間，新的睡眠場所也會改變寶寶已經建立的睡眠習慣，影響到他的睡眠，這須要花點時間來讓他們適應，你得帶著耐心和寶寶一起堅持，陪伴他度過改變的最艱難時光，直到他開始喜歡自己的新床，在新的地方也一樣能夠睡得香香甜甜。

＊解讀寶寶換床信號

什麼時候須要考慮該給寶寶換兒童床了呢？以下這些特定現象的出現，標誌著爸媽要考慮給寶寶搬家了：

①寶寶對活動變得嫻熟，學會了攀爬。在他們學會攀爬之後，有可能去爬床上的護欄，從床上掉下來，傷害到他自己。如果你在寶寶身上觀察到他在有護欄的床上爬來爬去，要小心了，繼續讓他待在小小的帶護欄的嬰兒床裡並不是一個明智的選擇。現有的研究認為，在寶寶身高達到86～91公分時，當護欄高度達到寶寶的3/4或者當護欄低於寶寶乳頭時，必須把他們從帶護欄的嬰兒床裡挪出來。

②當護欄的小床不夠大，原先作為保護寶寶屏障的護欄開始成為寶寶的障礙，床的空間

對長大的寶寶們而言實在是太小了，一旦你觀察到此種現象，你就應該考慮，換床的時間到了。

③寶寶正在學習如廁。如果寶寶正在學習如何自己如廁，他須要面臨的一個問題是，在想去廁所的時候能夠自己起床。對寶寶來說，夜晚如果不去洗手間，尿床的可能性就會驟然增加，如果你不想被寶寶喚起來幫助他如廁的話，那麼，這也是換掉帶護欄的床的原因。

④寶寶自我歸屬感的出現。在2～3歲的階段寶寶們已經開始擁有一些基本的社會意識，他希望從帶護欄的小床中搬出來，並且希望擁有屬於自己的兒童床，尤其是在那些有兩個孩子的家庭，一旦他看到年長的哥哥姐姐有著自己的空間，他也希望他能夠得到相同的待遇。

一個媽咪的抱怨：怎麼換才好？

我的寶寶已經兩歲多了，漸漸地，他原來有的那張小床已經不太適合他了，於是我跟寶寶爸爸就商量，我們是不是該為寶寶換張床了。我跟寶寶爸爸達成共識，新的兒童床很快就被買回來了，可是給寶寶換床的過程卻讓我苦不堪言，沒想到在這張新的陌生的床上，我家敏感的寶寶出現了睡眠不足的問題，在新的兒童床上，他總是不能獲得良好的休息，看著寶寶無精打采的樣子，作為媽媽我也心急如焚，問題到底出在哪呢？我認為，有可能是轉變的過程來得太突然，讓寶寶沒有心理準備。但是，換床的過程應該怎麼進行才能讓寶寶順利度過這個階段呢？

專家妙招：寶寶換床小竅門。

就如同這個媽咪所抱怨的一樣，在試圖為寶寶換床的過程中，毫無預料地過渡常常會給寶寶帶來睡眠問題。要想讓寶寶順利的睡到新的兒童床上，也不是買一張新床讓他睡上去那麼簡單，下面是你執行寶寶換床計畫時可以運用的方法：

竅門一：大肆宣傳兒童床

有的寶寶非常盼望迎來改變，他們希望在選擇新床和床單的過程中，能夠發表自己的

意見。你可以設計一個兒童床日或者為此舉行一個家庭內部的小聚會，召集寶寶的爺爺奶奶、外公外婆，在正式的場合宣佈你的寶寶即將要換床了，對那些期待改變的寶寶而言，這個正式而隆重的場合更能讓他們覺得自己長大了。須要注意的是，無論換床日的聚會過程進行得多麼愉快，當寶寶第一次睡在新床的時候他仍然會感到緊張，因此，一些前期的關注和保證是必不可少的，父母必須學會幫助他喜歡並漸漸適應新的床和新的生活。

竅門二：改變積少成多。

無論爸媽預先作了多少宣傳，悄然無息地過渡方式仍然是被所有人喜愛的。如果這樣作的話，你須要先將嬰兒床挪開，取走嬰兒床，然後把床墊放在原來床的位置上，這樣作可以帶給寶寶安全感，整個房間看起來跟他以前的樣子似乎沒有任何區別。接下來你可以將臨時護欄放在床墊四周，創造一種與帶護欄的嬰兒床相似的感覺，仍然把他睡在嬰兒床中時的那些玩具放在這裡，當寶寶逐漸適應了這種安排後，你就可以考慮用稍大一些的床墊代替嬰兒床的床墊，接下來是彈簧床墊，再接著是床架，漸漸的，寶寶換床的過程就悄聲無息的完成了。

竅門三：漸進式引入。

很多寶寶並不喜歡正式宣告的重大方式，因為這種方式對寶寶有很高的期望值，沒有為成長過程中所必須的反覆過程留出足夠的空間。根據專家的研究，漸進式達成目標的方式才是寶寶們的最愛，為了迎合寶寶行為上的偏好，首先你可以把新床與帶護欄的嬰兒床放在同一個房間中，允許寶寶在新床上遊戲，看他是否願意在上面午睡，你也可以在新床上進行就寢時間閱讀或者在上面進行晚間按摩，所有這些方法都讓寶寶對新床越來越熟悉，最後你可以提出建議：「親愛的，你願意在這張床上待一整夜嗎？」觀察寶寶的反應，如果他沒有拒絕，計畫則可以得意順利地實施；如果寶寶有所擔憂，則你可以繼續漸進引入，而不是倉促地把他搬到新的床上去。

竅門四：製造意外驚喜。

如果寶寶對哥哥姐姐或者別人家小朋友的大床嚮往已久，而且身為父母，你知道他對兒童床的渴望，這時你不妨考慮給寶寶一個意外的驚喜。當寶寶與其他人一起外出的時候，你可以趁此在家裡用新床代替原來的嬰兒床，但是仍然要保留那些寶寶喜歡的玩具和臥具，如小毛毯或者經常陪他入睡的小玩具，幫助他更好的適應改變的過程。當然你也必須考慮到此舉有可能給寶寶帶來的恐慌，因此，這種方法只適用於那些喜歡驚喜渴望擁有床的小寶寶們。

無論你選擇哪種辦法幫助寶寶進行改變，都務必保持足夠的耐心與信心，用盡全力使得整個過程成為寶寶的美好經歷，要記住，這一轉變是寶寶成長過程中的重大轉折，某一天他可能非常興奮地迎接改變的到來，但另一天他的態度卻來了180度的轉變。在接下來的很多年裡，寶寶都有可能要待在這張他的兒童床上，所以，努力為寶寶和他的新床之間建立起積極快樂的聯繫吧！

＊換什麼樣的床好呢？

一旦你決定將寶寶從帶護欄的嬰兒床中搬出來，面臨著許多不同種類的床供你選擇，下面列舉了一些有代表性的床的種類，分析了它們各自的優劣，幫助你作出選擇：

①兒童床

經濟指數：★★　　實用指數：★★★★★

現有的兒童床相對較小而且比較低，適合1～3歲的寶寶使用，其優點在於它針對寶寶不同年齡階段成長的特點設計床的尺寸，有些還配有寶寶的專用床墊，這種床常常使用有創造性的外形，讓寶寶感覺自己像睡在城堡、火車、輪船，但是這種床通常都價格不菲，而且使用一到兩年後，你又不得不再次為寶寶換床，因此，考慮到預算的約束，這種床並不是一個經濟性的選擇。

②放在地面上的床墊或者坐墊

經濟指數：★★★★　　實用指數：★★★

對那些剛脫離帶護欄的小床的寶寶而言，在地上放置床墊或者坐墊是最常見的選擇。這種方式可以避免讓寶寶使用兒童床，同時能夠保持寶寶不受阻礙地上下，而且摔倒的問題也迎刃而解。放在地面上的床墊最好是雙人型號或者更大一些，這樣方便於你和寶寶在就寢時間一起讀書或者清晨依偎在一起，此外，將地點放在地面上，還可以讓它作為寶寶的跳跳床使用，等到寶寶再大一點，能夠意識到自己的安全問題，你可以考慮再給他一張真正的屬於他的兒童床。

③一般床

經濟指數：★★★　　實用指數：★★★★

由床的基架、彈簧床墊和褥子構成的一般床，也是家長們可以考慮的選擇，如果你直接從帶護欄的床轉換為一般床，那麼你必須在床的四周準備防止寶寶掉下去的裝置，有些一般床帶有橫杆幫助家長解決這一問題。使用這種床，首要的是防止寶寶從床上跌下，還要防止寶寶踩著疊好的毯子笨拙地攀爬，引發不必要的摔傷事故。

溫馨提示：

①寶寶不喜歡怎麼辦？

一旦寶寶不喜歡且並不適應你為他選擇作出的改變，你就須要多重新評估情況，對自己的計畫進行修改或者是改變自己的決定，睡眠是一個極不穩定的過程，如果經由努力，眼看著換床計畫即將大功告成，可是寶寶卻突然開始在晚間頻繁醒來，難以入睡，你就須要改變你制訂的計畫了，漸進式的導入，或者是暫緩計畫的執行。

②不能忽視的安全問題

從帶護欄的小床搬出，安全問題同樣不可忽視，兒童床佈置的安全準則可以參照我們在第一章中提到的嬰兒床佈置原則，此外還要注意不要讓尖銳、易碎的物品放在床邊寶寶可以觸碰到的地方，以免引發寶寶的流血事件。總之，改變的過程家長們尤其應該保證新環境的安全。

3、睡眠拉鋸戰

有時候寶寶們就像頭頂光環的天使般可愛，有時他們卻又像長了黑色翅膀的惡魔一樣可怕，看著寶寶一天天長大，關於就寢問題的爭執也越發的多了起來，當寶寶固執地對著你說「我就是不要去睡覺」的時候，那個閃閃發亮的光環不見了，惡魔在身邊升騰的感覺油然而生。這一幕，每天都在世界各地數以百萬計的家庭中上演，一旦寶寶打響了這場戰鬥，你必須認真傾聽寶寶的想法，瞭解他是如何看待就寢時間的，隨後根據他的須要找到適當的解決辦法。就像我們一直強調的那樣，帶上你的耐心、溫馨和毅力，Nothing is impossible！

*不想去睡覺之原因篇

在成年人看來，漫長的一天結束了，你終於可以告別這一天忙碌的生活，舒舒服服地躺在床上，閉上雙眼，全身放鬆，緩緩地進入甜美的夢鄉。可是，寶寶們，尤其是那些剛學會說話、走路搗蛋的寶寶們，卻從來都不這樣認為，他們似乎有用不完的精力，從早到晚不知疲憊。作為家長，你備感苦惱，你希望能夠想到辦法解決這場關於睡眠的分歧。要想解決問題，首先就要找出形成問題的原因，以下列出了寶寶不想上床睡覺的幾種常見原因：

1、不疲勞

不疲勞的時候就讓寶寶上床休息，對寶寶而言真的是一件天大的災難。忽而惡魔忽而天使的寶寶們，會想盡一切辦法阻止爸媽關燈走出房間讓他們獨立休息，他們一會兒要一本書，一會兒喝一杯水，一會兒去一次廁所，還記得第一章寫到的睡眠時刻查詢表嗎？現在，翻閱一下睡眠時間查詢表，看看你讓寶寶上床的時間是否真的合適。過於充足的午

睡，會導致寶寶在就寢時間仍然精神百倍，在這種情況下，你應該對白天的午睡時間作出些許調整並在每天下午適度增加寶寶的活動量，讓他在就寢之前感到疲倦。

2、太疲勞

站在不疲勞對面的過於疲勞，同樣也會帶來問題，有些寶寶在晚上六、七點就開始感到疲勞睏倦想休息，但是爸媽卻認為這並不是一個合適的就寢時間，他們不會選擇把寶寶放在床上安排他們睡覺，而是給他玩具或者讓他繼續保持活動的狀態，就這樣，不知不覺時間過去，寶寶的一般就寢時間也就到了。但是，在這段時間，你的寶寶可能會由於過度疲勞進入了高度疲勞而無法入睡的階段，導致他的腎上腺素升高，你必須幫助他降低腎上腺素水平，讓他不再興奮轉而進入一種想睡的狀態。如果你的寶寶出現此類現象，適時的提早他的就寢時間是一個不錯的選擇。

3、太忙碌

如果讓一個三項全能的運動員去追逐一個初學走路的寶寶一整天，這個運動員也會感到精疲力竭。但是這些好奇的寶寶們卻從來不會停止他們持續不斷的活動，在他們看來這個世界如此的奇妙，新鮮的事物如此之多，他們可以在這個奇妙的世界裡不斷的探索、不斷的學習、不斷的瞭解各種奇妙的事，對那些認識技能、運動技能、社會技能高速發展的寶寶們來說，讓他們放棄任何一項他們所熱衷的活動去休息，這就跟搶了他們的心愛的玩具一樣要命，若想讓這種過於忙碌的寶寶在睡覺時間合作，你須要制訂一項平穩而舒適的入睡過程，並且避免在睡前出現任何新的玩具或者令人興奮的東西。

4、太好奇

對家長來說，寶寶們總是有著許多奇妙的古怪想法，所有我們認為理所當然的事對他們而言都不是理所當然的。有些寶寶甚至會想，當他們躺在自己的小床上休息的時候，家裡的其他地方也許正發生著不可思議、奇妙的事。於是他們身在曹營心在漢，雖然躺在床上，卻仔細聆聽大人們的聲音、電視的聲音，他們會覺得自己錯過了一些非常有趣的事，無時無刻都想知道周圍發生的事，於是他們悄悄地溜下床，抱著他們的小小好奇心想弄清楚這一切。對待這種寶寶，你須要在他上床後盡量保持家中的安靜（可以嘗試使用催眠曲或音樂掩蓋其他具有誘惑性的聲音），或者是盡量把你自己的作息時間調得跟寶寶一樣。

5、害怕某些東西

就像電影《納尼亞傳奇》中藏在衣櫥後那個神祕世界展示的那樣，在許多寶寶們看來這些彷彿都是真實的、有可能存在的。黑暗、潛伏在床下的怪物，壁櫥中的巨人，狗的叫聲或者呼嘯而過的車聲，都有可能會讓他們感到害怕，在這個年齡階段寶寶的智力高速發展，想像力異常活躍，豐富的想像往往導致他們對夜晚或者黑暗環境的莫名恐懼，如果你懷疑恐懼是寶寶不想上床的原因，就必須從解決寶寶的夜間恐懼入手。

6、乏味的入睡過程

在第二章中，我們已經反覆提到建立一個完善而有吸引力的入睡模式多麼地重要，一個簡單的入睡過程對新奇好動的寶寶們是毫無任何吸引力的，當你直接告訴寶寶「親愛的，你睡覺的時間到了」，他們只會把這話當耳邊風，而不是躺在床上閉上眼睛，準備進入夢鄉。一旦出現此種問題，你必須建立一個可靠的、可以依賴的入睡過程，一個更好的入睡過程將更好的保證寶寶的睡眠，讓他對睡覺這件事充滿期待，而不是抵制。

7、對爸媽的依戀

黑暗、安靜、孤獨的夜晚，會使那些剛開始走步，嘗試著待在自己的床上一個人睡著的寶寶們產生分離焦慮，他們希望能夠和帶給他們安全感的父母待在一起，而不是離開爸媽一個人待在屋子裡。

＊不想去睡覺之解決方法篇

在上面你已經瞭解引發父母與寶寶之間關於睡覺問題爭執的原因，接下來你將看到的是一些解決此類問題的關鍵性方法，須要注意的是，你不須要使用下面所有的方案，只須要根據自己的實際須要選取其中的一到兩個，並把它付諸於實踐。在實踐的過程中，觀察該方法有沒有積極的作用，根據實際的須要調整自己的方案，最後解決這場關於夜間睡眠的爭執。

方法一：早點開始整個過程

如果寶寶的就寢過程被安排在寶寶睡覺前15～20分鐘左右進行，但是這麼倉促的時間不足以完成所有的事情，入睡過程對寶寶的吸引力大打折扣，於是你列在紙上的計畫和你心中的美好願景都將成為一場空。設置充足的時間來完成寶寶的入睡過程是一個不錯的選

擇，一般而言，由就寢過程開始到關燈須要至少一個小時的時間，家長千萬不要抱著「時間太長，已經疲憊了一天回來照顧寶寶還得這麼折騰的心理」，提早進行的就寢過程能夠幫助家長安撫那些不疲勞、過度疲勞、過度好奇的寶寶們，讓他們在這個漸進的過程中平靜下來。一旦你認真對待這段時間，就會隨之解決一些就寢時間的相關問題，漸漸地，每晚這一小時將會變成整個家庭所共同期待的美好時光。

方法二：避免看電視或者接觸到那些能讓寶寶興奮起來的玩具或畫冊

最新的研究顯示，睡前看電視的寶寶將會有更多的睡眠問題，更少寧靜的睡眠。在睡前看電視的寶寶，整體睡眠時間明顯少於正常的睡眠量；看著電視睡著的寶寶，睡眠混亂的問題更加突出，而夜間看電視的寶寶更容易產生恐懼，甚至於在寶寶躺在床上時仍然不能擦去留在腦中的電視畫面。除此之外，讓寶寶在進入入睡過程前，接觸到那些讓本已疲倦的他再次興奮起來的玩具或者畫冊，引發他活動的興趣，也會使他抵制進入入睡過程而導致不能安穩入睡，引起夜間甦醒、夜驚等問題，因此要切記不能把寶寶安置在有電視的房間休息，也不能讓寶寶在睡前接觸到讓他興奮的物品（還記得我們在前面提到的寶寶臥室的佈置嗎？把睡眠區和遊戲區劃分出來是個不錯的選擇喔）。

方法三：將寶寶的就寢過程作記錄

用筆記錄下你設想的寶寶的就寢過程，並把它加以堅持實施，是幫助家長結束和寶寶關於睡眠對陣問題的一個不錯方法。請花費些時間把它寫下來，這樣作可以保證你每天在固定的時間開始寶寶的入睡過程，並使得整個過程進行得更有條理。要注意的是，當你寫下計畫的時候，要對其中沒有活動的時間進行估計，這樣就可以估算出入睡過程所須要花費的時間總數，不打無準備之戰，有詳細的計畫才能讓你作得更好。

方法四：睡前讀書

2～3歲的寶寶在語言能力方面，經歷了「可以活用動詞、名詞和連接詞，會用『我』→可以用詞卡作兩、三個造句→可以閱讀大多數繪圖本→可以用語言表現未來式的抽象概念→可以記得圖畫書的故事」等四個階段，他們已經有了初步的語言能力，如果可能的話，每天晚上盡量在睡前為寶寶讀十五分鐘書，把讀書作為入睡過程的最後一個環節進行，當寶寶躺在床上，聽著最喜歡的人講著他最喜歡的故事，自然地就很容易進入夢

鄉。在讀故事的時候，你可以調低燈光，伴隨著一些輕微的有助於睡眠的音樂。

4、恐怖的夜晚

對寶寶而言，夜晚就像是一個截然不同的世界。他們常常會覺得一到夜間，這世界也不再是他們熟悉的世界，一切都已經改變了，所以，他們躺在床上，卻不能獲得良好的睡眠，不良夢境、噩夢、夜驚、夜間恐懼一個個的侵蝕著寶寶的睡眠，沒有良好的睡眠作保障，在白天清醒的時間當然打不起精神，恍恍惚惚，生理和心理成長都受到影響。總之夜間問題一籮筐，如何應對寶寶身上所反映出來的這些問題，優秀的家長們必須幫他解決問題，獲得良好的睡眠。

媽咪A的抱怨：寶寶夜間的怪想法

我家的寶寶一向吃得好好，睡得飽飽，可是最近我卻在他身上發現一個奇怪的現象，每當晚上我幫他關上小燈準備離開房間讓他獨自休息的時候，不到兩分鐘，總是會哭喊著醒來跑到我們的房間，告訴我們有個怪物要來抓他。於是我或寶寶爸爸只得又拖著疲憊的身軀哄著寶寶，直到他再次睡著。可是，過不了多久，也許一個小時或兩個小時，當他覺得想要去廁所而在夜間醒來的時候，又會如此折騰一番，天天這樣，我都想帶他看醫生了，天知道這會不會是什麼心裡疾病引起的啊！唉，難怪人說小孩子時而天使時而惡魔，如果他能每天都能擁有天使般的睡眠該有多好啊！

專家解析：

嬰幼兒夢見怪物或者其他使他們對黑暗產生恐懼的東西，是很正常的事情。事實上，一旦寶寶出現對黑暗的恐懼，正說明他們在不斷的成長發育，對周圍的世界逐漸有了意識，他們正在變得越來越聰明。當你的寶寶還是小嬰兒的時候，只要沒看見的東西，他都會理所當然認為是不存在的，可是現在他知道黑暗可能掩蓋掉一些他看不見的東西，即使他沒有看見，卻仍然有可能還是在那裡。

正是因為寶寶心理意識的改變，才導致了夜間的恐懼。家長要理解寶寶害怕的根據，必須切實地體會寶寶的感受，而且，要明白寶寶所害怕的東西並不是真實的事物，而是一種虛幻的感覺，找出造成他這種虛幻感覺的原因，透過溝通、交流等各種方式來解決問題。接下來的內容，列舉了許多可以幫助寶寶解決夜驚問題的方法，須要注意的是，無論你採用何種方法解決問題，一定要讓寶寶知道：他是安全的，爸爸媽媽就在這裡，一切都很好，沒有任何事情發生了改變。

媽咪B的抱怨：寶寶的噩夢。

我是一個兩歲寶寶的媽媽，最近我們剛搬到新的房子，可是自從搬到新家後，寶寶再也沒有得到好的休息，每個夜晚他都會被自己的噩夢嚇醒。寶寶睡得不好，大人也跟著遭殃，怎樣才能解決寶寶的噩夢跟夜驚呢？

專家解析：

睡眠時，寶寶內心有許多焦慮的因素使得他的潛意識較為活躍，但基於他們語言能力有限，加上某些環境因素的限制，這些感覺被壓抑著，不能在日間抒發出來，要等到晚上當意識的控制減弱時，才會以象徵的形式浮現，這就是我們常說的噩夢或者夜驚。

在一夜的睡眠中，噩夢通常在兩個不同的時間騷擾寶寶的休息：第一個是在剛睡著不到兩個小時內，這時作的噩夢通常較真實，會使孩子從夢中驚醒後，覺得萬分驚恐，不敢再次入睡；第二個時間是在醒前的三小時內，所作的夢往往象徵著孩子對日間所發生的不愉快的事件反應。其症狀在睡覺前突然醒來，且發出驚叫或哭泣聲，臉上表情是害怕、驚

嚇，且全身出冷汗、呼吸急促、心跳加快，心率可增加百分之二十五至百分之四十。幼兒在噩夢中：自己掉進了無底深淵，全身不能動彈，常常被嚇醒或被叫醒後，仍有明顯的情緒焦躁和害怕，臉色蒼白、表情驚恐等，對夢境尚保持片段的記憶。經安撫後，或醒來後完全擺脫了對夢境的情緒恐怖，又能安然入睡。這種伴有明顯焦慮情緒的噩夢，多發生於速眼動睡眠期。

一般而言，寶寶在清醒時遇到的沮喪或困擾，都會擾亂他們夜間的睡眠。所有年齡的人們都會不時地作噩夢，但是這些噩夢對於二到三歲的兒童而言，顯然就更麻煩。因為這個時期的幼兒剛剛開始形成自我意識，開始出現生動的、以自我為中心的幻想。

結果在情感層次上，他們的腦海全都被對

他們的成功和喜悅佔據了。在白天，他們沒有受到的威脅，那麼夜晚的夢就可能是美好的。一般情況下，四歲以前作的噩夢多半與動物有關，如：老虎、大灰狼、蛇等。下面將會告訴你們一些解決噩夢或者夜驚問題的辦法，學會和運用這些方法，就能改善你家寶寶的睡眠。

＊「老鼠」，「老虎」，傻傻分不清楚！

真與假，真實與虛幻，在寶寶們有限的認知裡，就像你讓他從字面上去分清楚老鼠跟老虎的區別一樣，要解決寶寶思維裡存在的那些夜獸，你可以幫助寶寶學會區分真實與夢幻，進而讓他明白分辨現實與想像中的恐怖之間的區別。要讓寶寶意識到想像和現實的區別，可

以採用交談的方法進行溝通，你可以與寶寶討論他生活中真實見到的狗狗與玩具狗，還有動畫片裡的狗之間有些什麼區別，經由現實中的事物和虛構的事情作出比較，讓寶寶明白真實和虛幻的區別。認真審視你家寶寶曾經接觸到的虛擬人物，看他是否相信童話故事裡的人物是否真實存在，相信童話人物的寶寶也更有理由相信怪物、精靈和妖怪的存在，這也是有可能引發他產生夜間恐懼的原因，當然，父母要作的是讓寶寶瞭解想像的東西跟現實存在的東西是不同的，並不須要把這些能夠伴隨寶寶成長的美好故事從寶寶的生活中驅逐，最重要的是分清「老鼠」跟「老虎」，同時又能享受到童話故事和動畫片的樂趣。

＊處理噩夢問題的兩大原則

寶寶的噩夢還是對夜間的恐懼，往往來自於日常生活中的麻煩問題或是事件。時常作噩夢的孩子須要關懷。應該杜絕用恐嚇的方式教育寶寶。具體而言，你必須要依以下兩條原則來判斷你選擇的改變方法是否合適（具體的作法可以參照下面的Tips）：

1、正確對待噩夢

允許寶寶自己被噩夢驚醒，而不是去強迫他中斷睡眠。夢中被搖醒和噩夢本身一樣驚人，它可能會阻礙孩子作夢，這樣就無法達到大腦自己對噩夢「建設性」的解決。如果噩夢的強度足以使寶寶呻吟或翻來覆去，那麼寶寶一般都會自己被驚醒，等到他被驚醒後，家長再輔助寶寶重新進入睡眠。不要堅持那噩夢不是真的，對寶寶們來說，噩夢非常地真實。相反地，要平靜並且理智地向孩子保證他是安全的，噩夢中發生的任何事情都不會造成任何真正的傷害。

鼓勵孩子盡可能詳細地描述他所作的噩夢，一步一步地向孩子詢問噩夢中發生了什麼，詢問孩子在過程中感覺到了什麼，但不要告訴孩子你的評價或者判斷。如果孩子可以大聲說出來，而不因你反應而退縮，噩夢就有可能失去它的威脅力量。另外，你可以更加瞭解孩子的夢想是如何作用的，你的孩子缺些什麼，還有可能瞭解最初是什麼促使噩夢的形成。

2、採取適當措施讓孩子有睡眠安全感

採用合適的方法使孩子在夜晚感覺到情感上有保障。如果孩子因有作噩夢的可能性而害怕入睡，結果就會出現對身體和情感都沒什麼好處的失眠。為了防止這種情況出現，讓臥室的門半開著，或者亮著燈，或讓收音機小聲響著，讓孩子獲得更多的安全感。如果孩子從噩夢中驚醒，感到特別心煩意亂，那一夜只有讓孩子和你一起睡。

時常作噩夢不但影響孩子的睡眠，更反映出孩子心理有嚴重的不平衡。當睡眠問題出現時，家長應該細心地觀察孩子，及誘導他們說出內心的焦慮。

Tips：幫助寶寶解決夜間恐懼和噩夢問題的「小撇步」

無論是噩夢還是夜間恐懼，其產生的原因都有著異曲同工之處，下面列舉了一些可以幫助寶寶克服夜間恐懼，或者阻止寶寶產生噩夢的「小撇步」：

1、如果晚上黑暗的陰影形成了奇怪的影子，你可以跟寶寶一起在房間中玩影子遊戲，猜猜看這些影子像什麼，然後打開燈看看這些黑影究竟是什麼，等他知道黑影是由他真實確定知道的物體形成，恐懼就自然會消失。

2、讓一個或多個動物玩具陪伴寶寶睡覺，讓他感覺更安全，這些小的物品不再使他感到孤獨，即使某些時候他心中還是會升起怪怪的念頭，但是一想到睡在身邊的那些小夥伴們，害怕的感覺也會漸漸降低，在感覺安全有人陪伴的環境裡，寶寶也不會再作噩夢了。

3、如果寶寶有須要，對黑暗的環境呈現異常的恐懼，可以在他的臥室裡開著一盞小夜燈睡覺，在寶寶入睡的過程中開著燈，等到確定寶寶真的進入深度睡眠時再關掉燈，如果寶寶房間使用的是綠色或藍色燈光的小夜燈，那麼即使是開一整晚也沒有問題，在這種具有撫慰作用的光亮中寶寶會睡得更好。

4、對夜間的聲音進行合理的解釋，諸如「電暖氣開著呢」、「這是風吹動樹枝敲打房屋的聲音」……如果特殊的聲音被賦予了能被寶寶理解的合理解釋，寶寶也就不會再害怕了。

5、讓寶寶觀看一些可愛的怪物圖像、書籍或者動畫片，如怪物史瑞克、貓和老鼠等，一旦在寶寶心中建立起怪物並不可怕的意識，夜間恐懼的症狀也會有所好轉。

6、創作一張屬於自己的護身符。2～3歲的寶寶開始喜歡自己動手，夜間恐懼一旦發生，家長也可以指導寶寶創作一張自製的護身符，你可以幫助寶寶把它掛在臥室的門口，讓他知道有了這個他親手製作的護身符，那些在夜間出現的怪物或者怪聲音就不會再來打擾他，噩夢也自然不會來了。

7、頑皮、好動的寶寶不須要用妖魔來管教他。然後與寶寶一起將噩夢趕出夢境，告訴孩子，夢裡面的怪物，可以用畫畫把它們趕出來，然後鼓勵孩子把它裝進一個小紙袋，象徵捉住怪物。找個孩子心情愉快的日子，將小紙袋燒掉，然後掩埋，讓畫的怪物永遠消失。

8、改變寶寶的睡眠習慣，一旦獨睡的寶寶出現頻繁的夜間恐懼症，或者頻繁的作著噩

夢，你也可以抱起寶寶，把他放到你自己的床上，睡到你的身邊，你必須對寶寶獨睡的計畫作出些許的改變，或者是暫緩以下獨睡的時間，直到解決寶寶的夜間恐懼和噩夢問題。

溫馨提示：

如果你的寶寶長時間存在著夜間恐懼的問題，就算你試圖讓他分清現實與虛幻的區別，結果卻還是徒勞而返，或者你家的寶寶頻繁的發生著噩夢和夜驚，毫無疑問的是，這個時候只靠你自己的力量是不能解決問題的，應該適時地把寶寶帶去醫院諮詢相關的專家，在專業人士的指導下解決寶寶的夜間睡眠問題。

國家圖書館出版品預行編目資料

新手父母這樣教0~3歲寶寶睡／健康寶寶編輯小組編著.
——第一版—— 臺北市：知青頻道出版；
紅螞蟻圖書發行，2011.2
面　　公分——（福樂家；2）
ISBN 978-986-6276-58-3（平裝）

1.育兒

428　　100001777

福樂家 02

新手父母這樣教0~3歲寶寶睡

編　　著／健康寶寶編輯小組
美術構成／Chris' office
校　　對／周英嬌、楊安妮、朱慧蒨
發 行 人／賴秀珍
榮譽總監／張錦基
總 編 輯／何南輝
出　　版／知青頻道出版有限公司
發　　行／紅螞蟻圖書有限公司
地　　址／台北市內湖區舊宗路二段121巷28號4F
網　　站／www.e-redant.com
郵撥帳號／1604621-1　紅螞蟻圖書有限公司
電　　話／(02)2795-3656（代表號）
傳　　真／(02)2795-4100
登 記 證／局版北市業字第796號
港澳總經銷／和平圖書有限公司
地　　址／香港柴灣嘉業街12號百樂門大廈17F
電　　話／(852)2804-6687
法律顧問／許晏賓律師
印 刷 廠／鴻運彩色印刷有限公司
出版日期／2011年 2 月　第一版第一刷

定價 280 元　港幣 93 元

ISBN 978-986-6276-58-3　　Printed in Taiwan